U0162757

公共事务与国家治理研究丛书

资本主义多样性
与美欧气候政策研究

刘　慧◎著

南京大学出版社

目 录

导　论

　　气候政策研究在 2005 年之后日益增多,我国学者张海滨(2008)、庄贵阳 (2009)、张焕波(2010)、薄燕(2012)、徐焕(2015)、邹骥(2015)、于宏源(2016) 等出版了关于气候问题的著作,分别从国际关系、气候治理、中美欧气候政策 分析、权势转移、中美欧关系、欧盟气候治理模式、绿色发展、国际体制、欧盟政 策等角度论述了当前气候政治的主要格局及对我国的影响,逐渐形成了政治 学、经济学、社会学等多学科交融互动的研究格局,极大推动了气候问题的国 际政治研究。[①] 关于美欧政策的更多研究议题有:政党竞争视角下的美国气 候变化政策[②]、欧盟气候领导力的弱化[③]、战略资源政治[④]、欧盟气候变化治理 模式研究,这些研究紧跟美欧政治变化,准确把握了美欧气候政策的不同程度 的波动。

　　[①] 张海滨:《环境与国际关系》,上海人民出版社 2008 年版;庄贵阳、朱仙丽、赵行姝:《全球环境 与气候治理》,浙江人民出版社 2009 年版;张焕波:《中国、美国和欧盟气候政策分析》,社会科学文献出 版社 2010 年版;于宏源:《环境变化和权势转移:制度、博弈和应对》,上海人民出版社 2011 年版;薄燕: 《全球气候变化治理中的中美欧三边关系》,上海人民出版社 2012 年;傅聪:《欧盟气候变化治理模式研 究:实践、转型与影响》,中国人民大学出版社 2013 年版;徐焕编《当代资本主义生态理论与绿色发展战 略》,中央编译出版社 2015 年版;邹骥:《论全球气候治理——构建人类发展路径创新的国际体制》,中 国计划出版社 2015 年版;高小升:《欧盟气候政策研究》,社会科学文献出版社 2015 年版;李慧明:《生 态现代化与气候治理:欧盟国际气候谈判立场研究》,社会科学文献出版社 2017 年版。

　　[②] 戚凯:《美国气候变化政策分析——基于政党政治的视角》,《美国问题研究》2012 年第 1 期。

　　[③] 薄燕、陈志敏:《全球气候变化治理中欧盟领导能力的弱化》,《国际问题研究》2011 年第 1 期。

　　[④] 于宏源:《战略资源政治与中国的应对策略》,上海人民出版社 2016 年版。

西方学界的主要研究有:詹尼弗·克拉普(Jennifer Clapp)与彼得·道恩 (Peter Dauvergne)的环境政治经济学(2011)、安德列斯·杜伊特(Andreas Duit)的环境治理比较(2014)、约翰·伯奇(John R. Burch)的美国气候政策 (2016)、凯特·奥尼尔(Kate O'Neill)的环境与国际关系(2009)、朱丽叶·斯 科尔(Juliet Schor)的全球气候政策设计的研究(2015)、丹尼尔·博丹斯基 (Daniel M. Bodansky)等关于气候政策联系的研究(2016)、伊恩·高夫(Ian Gough)、阿瑟·摩尔(Arthur P. J. Mol)、安德烈斯·杜伊特(Andress Duit)、 托马斯·索默尔(Thomas Sommerer)等关于环境国家的研究(2016)、奥蒂· 古普塔(Aarti Gupta)等关于气候治理透明度的研究(2010)、休·康普斯顿 (Hugh Compston)与伊恩·贝利(Ian Bailey)关于中美欧等气候政策强度的 比较研究(2016)、丹尼尔·贝利(Daniel Bailey)关于福利国家环境保护与财 政可持续性之间的矛盾研究(2015)、罗伯特·麦卡尼尔(Robert MacNeil)、马 修·帕特森(Matthew Paterson)关于新自由主义气候政策的研究(2012)等。①

关于美欧气候政策的比较研究主要围绕两种理论视角展开:丹麦学者哥 斯塔·埃斯平-安德森(Gøsta Esping-Andersen)的《福利资本主义的三个世 界》,以及英国学者彼得·霍尔(Peter A. Hall)和大卫·索斯凯斯(David

---

① Kate O'Neill, *The Environment and International Relations*, Cambridge University Press, 2009; Jennifer Clapp and Peter Dauvergne, *Paths to a Green World*, The MIT Press, 2011; Andreas Duit, *State and Environment: The Comparative Study of Environmental Governance*, Cambridge: The MIT Press, 2014; John R. Burch, *Climate Change and American Policy: Key Documents*, 1979—2015, McFarland & Co Inc, 2016; Daniel M. Bodansky, et al., "Facilitating Linkage of Climate Policies through the Paris Outcome", *Climate Policy*, Vol. 16, Issue 8, 2016, pp. 956 – 972; Ian Gough, "Welfare States and Environmental States: A Comparative Analysis", *Environmental Politics*, Vol. 25, Issue 1, 2016, pp. 24 – 47; Aarti Gupta, "Transparency in Global Environmental Governance: A Coming of Age", *Global Environmental Politics*, Vol. 10, No. 3, 2010, pp. 1 – 9; Hugh Compston, Ian Bailey, "Climate Policy Strength Compared: China, the US, the EU, India, Russia, and Japan", *Climate Policy*, Vol. 16, Issue 2, 2016, pp. 145 – 164; Daniel Bailey, "The Environmental Paradox of the Welfare State: The Dynamics of Sustainability", *New Political Economy*, Vol. 20, Issue 6, 2015, pp. 793 – 811; Robert MacNeil, Matthew Paterson, "Nediberal Climate Policy: From Market Fetishism to the Developmental State", *Environmental Politics*, Vol. 21, Issue 2, 2012, pp. 230 – 247.

Soskice)的《资本主义多样性：比较优势的制度根基》。[①]围绕美欧气候政策发展，这些研究主要涉及欧盟清洁能源转型的经济逻辑[②]，环境主义三个世界[③]，英国与德国的风能产业[④]，应对气候变化的减排技术创新[⑤]，清洁能源转型的国际分工[⑥]，西方国家的环境关切，生态国家建设的影响因素，市场主义环境政策失败的根源[⑦]。这些研究之间虽不乏差异，但已就比较资本主义框架下的美欧气候政策达成一些重要共识：

第一，碳税、碳交易等市场政策在自由市场经济国家中成效有限。美国、加拿大、新西兰作为自由市场经济的原型，新自由主义改革的力度越大，民众的经济担忧就越强，这种担忧很容易转化为反碳税政治思潮。此外，国家与能

---

①　根据社会权利和社会分层，福利资本主义国家可分为三种类型：自由主义、保守主义（法团主义）、社会民主主义，参见（丹麦）哥斯塔·埃斯平-安德森：《福利资本主义的三个世界》，苗正民、腾玉英译，商务印书馆 2010 年版；Peter Hall and David Soskice, *Varieties of Capitalism：The Institutional Foundations of Comparative Advantage*, New York：Oxford University Press, 2001, p. 6.

②　Stefan Ćetković and Aron Buzogány, "Varieties of Capitalism and Clean Energy Transitions in the European Union：When Renewable Energy Hits Different Economic Logics", *Climate Policy*, Vol. 16, Issue 5, 2016, pp. 642 - 657.

③　Detlef Jahn, "The Three Worlds of Environmental Politics", in Andreas Duit, *State and Environment：The Comparative Study of Environmental Governance*, Cambridge：The MIT Press, 2014.

④　Shiu-Fai Wong, "Obliging Institutions and Industry Evolution：A Comparative Study of the German and UK Wind Energy Industries", *Industry and Innovation*, Vol. 12, Issue 1, 2005, pp. 117 - 145.

⑤　John Mikler and Neil E. Harrison, "Varieties of Capitalism and Technological Innovation for Climate Change Mitigation", *New Political Economy*, Vol. 17, No. 2, 2012, pp. 179 - 208.

⑥　Erick Lachapelle, Robert Macneil&Matthew Paterson, "The Polital Economy of Decarbonisation：From Green Energy 'Race' to Green 'Division of Labour'", *New Political Economy*, 2017, Vol. 22, No. 3, pp. 311 - 327.

⑦　John Mikler, "Plus ça Change? A Varieties of Capitalism Approach to Social Concern for the Environment", *Global Society*, Vol. 25, No. 3, 2011, pp. 331 - 352；Max Koch and Martin Fritz, "Building the Eco-social State：Do Welfare Regimes Matter", *Journal of Public Policy*, Vol. 43, Issue 4, 2014, pp. 679 - 703；Robert MacNeil, "Death and Environmental Taxes：Why Market Environmentalism Fails in Liberal Market Economies", *Global Environmental Politics*, Vol. 16, No. 1, 2016, pp. 21 - 37.

源公司利益的联姻也是新自由主义的一个主要表现。公司利益主导了气候政策。[①] 受自由民主市场经济体制的制约,美国民众和能源公司都对碳税、碳交易等气候政策持反对态度,因此,美国一直在应对气候变化问题上举步不前。与之相反,欧盟成员国多为社会民主经济体制,GDP 用于社会保障支出的比例大,民众对气候政策带来的经济负担并不是那么敏感,因而环保意愿相对积极。相对于保守主义和自由主义福利机制,社会民主福利国家能更有效地融合社会与环境政策,更有利于发展成为生态国家或环境国家。[②]

第二,明确划分了环境主义的三个世界。德国比较政治学学者德特勒夫·扬(Detlef Jahn)在评估硫排放等 14 项指标的基础上,比较了 1996—2005 年间 21 个经合组织国家的环境绩效,提炼出环境机制指数、能源消费、能源组合(太阳能、风能、核能)、交通四大衡量因素,以及绿色国家和生产主义国家两大类别,绿色国家指能源消费低,以风能和太阳能为主导,铁路交通优于公路;生产主义指国家的主要目标是生产和消费。具体体现为环境主义的三个世界:奥地利、德国、瑞士、丹麦属于第一世界,环境绩效和环境机制得分最高;第二世界包括挪威、芬兰、瑞典三国,环境绩效高但属于生产主义国家;环境绩效较差的第三世界可以分为:(1) 加拿大、澳大利亚、比利时、美国环境绩效最差,属于生产主义发展模式,除比利时外均属于新盎格鲁-撒克逊世界(New Anglo-Saxon World);(2) 新西兰、希腊、法国属于生产主义发展模式,环境绩效表现较差(法国相对较好);(3) 西班牙、英国、爱尔兰、葡萄牙、意大利、日本同属于生产主义发展模式,环境绩效表现中等(日本和意大利相对较好)。研究表明,社会民主福利国家中,绿色意识形态居于主导地位,生产主义模式式

① Robert MacNeil, "Death and Environmental Taxes: Why Market Environmentalism Fails in Liberal Market Economies", *Global Environmental Politics*, 2016, Vol. 16, No. 1, pp. 21-37.

② Ian Gough and John Meadowcroft, "Decarbonising The Welfare State", in John S. Dryzek, Richard B. Norgaard and David Schlosberg eds, *Oxford Handbook of Climate Change and Society*, Oxford: Oxford University Press, 2011.

微。部分遵循生产主义发展模式的北欧国家,环境绩效表现良好。①

第三,生态国家的衡量标准。瑞典学者麦克思·科契(Max Koch)与德国学者马丁·弗利兹(Martin Fritz)试图解释:社会民主国家正在发展成为生态社会国家的具体表现是什么,这种趋势是否能够通过主要生态指标(如生态足迹)体现出来? 对于福利与环境政策的协调,不同福利资本主义的制度和组织能力差异是否在公众态度中有所体现? 根据欧盟统计局(EUROSTAT)、世界银行、经合组织、全球足迹网络(the Global Footprint Network)和国际社会调查协作项目(International Social Survey Program)的经验数据,他们对比了30 个国家的宏观结构和可持续性指标,这些指标包括基尼系数、社会支出、可再生能源、环境税、碳排放、生态足迹、GDP,结果表明,生态国家并不必然产生于发达的福利资本主义体制,不同福利资本主义体制下的生态国家呈现出稳定、僵化、失败、新兴、濒危等无规则分布。通过问卷调查,发现社会民主国家的公众更愿意降低自己的生活标准以保护环境。绿色意识形态是提高环境绩效、建立生态国家的重要前提。②

综上,国内外学界的研究主要集中在以下方面:第一,全球气候治理的方案与机制研究。2000 年以来关于气候治理倡议的研究,最初侧重于分析国内政治和国家安全对全球气候治理的影响。此后,研究重点转向以国家为基础的气候治理构架,在研究方法上更多采用定量研究来验证理论和假设。主要议题涉及机制的运作和效果、国家批准或反对某一气候条约的原因、国家间治理倡议等。与此同时,多层治理框架也日益受到关注,涉及国家、社会和市场规则的互动,机制的合法性等。第二,市场化治理机制和私人行为体研究。伴随着新自由主义经济政策的发展,越来越多的气候政策研究从国家政策转向

① Detlef Jahn, "The Three Worlds of Environmental Politics", Andreas Duit, *State and Environment: The Comparative Study of Environmental Governance*, Cambridge: The MIT Press, 2014.

② Max Koch, Martin Fritz, "Building the Eco-social State: Do Welfare Regimes Matter", *Journal of Social Policy*, Vol. 43, No. 4, 2014, pp. 679–703.

市场自由主义,主要议题涉及自愿性公司倡议、公司合作伙伴关系、环境信息公开等。从不同行业、合法性、有效性等角度分析了私人部门的治理机制。第三,气候政策的国别及比较研究。这一方面研究已开始增多,涉及不同福利国家体制下的气候政策差异、国家政策能力的比较等。此外,跨问题领域的研究(如环境国家、绿色增长、透明化治理)也不断涌现。

总体来看,大多数气候问题研究受到新自由主义潜移默化的影响,其分析方法自觉不自觉地接受并采用了新自由主义理论的主要观点。在研究趋势上日益侧重市场化的气候治理机制,特别是具体行业和部门的气候倡议等,忽略了不同国家政策表象背后的政治经济体制、公司治理、劳资关系等问题。这些研究虽然视角众多,但多数没有把气候问题当作一个国际政治经济学的问题来研究,难以揭示气候问题背后复杂深刻的社会经济和政治制度方面的原因,也就难以从根本上把握美欧气候政策的发展轨迹。实际上,气候政策不仅仅是一个政府决策或成本收益问题,还与美欧不同的资本主义发展模式有着很大关系。彼得·霍尔和大卫·索斯凯斯明确提出了资本主义多样性(Varieties of Capitalism,VOC)这一研究框架,将最发达的市场经济体分为两种不同类型的资本主义:协调市场经济(Coordinated Market Economies,CME)和自由市场经济(Liberal Market Economies,LME)。① 自由市场经济体中,公司的调整行动主要通过等级制和竞争性市场安排。协调市场经济下,公司更多依赖于非市场关系来协调它们和其他行为体的活动,以及构建它们的核心能力。

资本主义多样性理论是对二战后资本主义出现的新的经济现象的解释,它加深了对现代资本主义发展趋势的理解。资本主义多样性作为一种具有影响力的研究框架,普遍用于能源政策、技术创新、产业政策等国际政治经济学

---

① Peter A. Hall and David Soskice, *Varieties of Capitalism*: *The Institutional Foundations of Comparative Advantage*, Oxford: Oxford University Press, 2001.

研究中。一个国家气候政策的制定，从表面看受制于政府的主观认知和决策，但从深层次看，它是一国社会政治经济制度综合作用的产物。因此，气候问题的研究不能局限于政府决策的层面，更要深入到政治经济制度层面，揭示其背后的决定因素。有鉴于此，本研究认为，美国和欧洲在资本主义体制运行层面的不同特点是其气候政策差异的决定性因素，这些差异体现在气候及能源政策、低碳产业与创新、跨国公司减排等各个方面。

第一章　资本主义多样性理论

　　21世纪的第一个十年是资本主义多样性研究繁荣发展和理论综合的时期。在西方学者那里,有关资本主义多样性的比较政治经济学研究以较为完整的理论框架、特定的理论范畴并引发一定争论为标准,可进一步细分为一系列更为具体的研究纲领,其中包括资本主义多样性方法、国家商业体制方法和调节学派的资本主义多样性分析。[①] 2001年,彼得·霍尔和大卫·索斯凯斯在资本主义多样性方面做出了开创性工作,构建了一种以企业为中心的资本主义多样性理论,在他们看来,企业是资本主义经济中的重要角色,面对技术变迁和国际竞争时,企业是调整的关键主体,企业的活动加总在一起决定了经济绩效的总体水平。[②]

① Glenn Morgan, "Comparative Capitalisms: A Framework for the Analysis of Emerging and DevelopingEconomies", *International Studies of Management & Organization*, Vol. 41, No. 1, 2011, p. 13.

② Peter Hall and David Soskice, *Varieties of Capitalism: The Institutional Foundations of Comparative Advantage*, New York: Oxford University Press, 2001, p. 6.

第一节 资本主义多样性理论的提出

霍尔和索斯凯斯的资本主义多样性分析,是对 20 世纪 90 年代之前比较政治经济学领域的比较资本主义研究的改进,它超越了过去 30 年中主导着资本主义比较研究领域的探究制度差异的三种视角,即现代化理论、新法团主义(neo-corporatism)和生产的社会系统理论。现代化理论倾向于夸大政府能力,新法团主义关注工会运动,忽视了企业在政治经济中的重要性;生产的社会系统理论承认地区和部门层面的各种制度在企业行为中起到的作用,但没有分析各政治经济体之间的差异性。战略互动成为资本主义多样性研究的重点。在战略互动中,公司是经济研究和比较政治经济学研究的中心,使新微观经济学同宏观经济学中的重要问题联系在一起。[①] 资本主义多样性的方法是行为体导向的,也就是说,政治经济学是由多个行为体组成的,这些行为体包括个人、公司、生产者集团或政府,但公司是资本主义经济的关键行为体。公司是理性行为体,在协调过程中会遇到许多问题,协调的成功取决于同广泛的行为体之间的有效协调能力。资本主义多样性理论主要提出了五个领域的协调问题,包括劳资关系、职业培训和教育、公司治理、企业间关系和雇员,依据企业解决这五个领域中的协调问题的方式,对各国的政治经济体制进行比较。[②]

霍尔和索斯凯斯提出的理论主要局限于发达国家,确定了政治经济体中的两种核心类型,分别是自由市场经济和协调市场经济,这两种类型作为理想型处于光谱的两极,许多国家在这两极之间都可以找到自己对应的位置。美、

[①] Peter A. Hall and David Soskice, *Varieties of Capitalism: The Institutional Foundations of Comparative Advantage*, Oxford: Oxford University Press, 2001, pp. 1 - 7.

[②] *Ibid.*, pp. 6 - 7.

英、澳、加、新西兰和爱尔兰是自由市场经济；日本、瑞士、荷兰、比利时、瑞典、挪威、丹麦、芬兰、奥地利是协调市场经济；法国、意大利、西班牙、葡萄牙、希腊和土耳其的定位不明确，但两位作者认为，根据在这些国家的制度体系，可以将其划分为"地中海式资本主义（Mediterranean Market Economies，MME）"。[①] 南欧国家（西班牙、意大利、希腊、葡萄牙和塞浦路斯）是混合市场经济资本主义或地中海式资本主义，其工会和雇主相对零散，自主协调集体谈判和劳动力市场竞争结果的能力不强。作为低福利国家，很多社会保障依靠家庭关系，通过内需促进经济增长。这种经济模式采用宽松的货币政策和财政政策，优先考虑工资和消费型支出，而不是出口市场盈利。由于技术水平较低，南欧地中海市场经济体往往倾向于专业化生产农产品，以及较低成本的中端质量水平的消费品，发展诸如航运与旅游等类型的服务业。就外部环境来看，中国、俄罗斯、巴西和印度等新兴经济体的快速发展为北欧的资本商品和高质量产品提供了重要的新市场，同时也给南欧国家的许多公司造成了新的竞争。[②] 资本主义多样性理论试图回答的一个重要问题是：一种资本主义形式是否优越于另外一种资本主义形式？在回答这一问题时，霍尔和索斯凯斯使用了制度互补的概念。两种制度，如果一方的存在（或效率）增加了另一方的收益（或效率），那么这两种制度就可以说是互补的。一个政治经济体越是能成功地建立起整个经济的制度互补性，这一政治经济体中的企业就越能受益于平稳运行的制度框架。[③] 为什么一个体制内部比较同质的制度得以发展，而在体制之间相比较的话，它们所具有的多样性甚至到了彼此可以称为异质的程度？其

---

① ［土］埃玉普·欧兹维伦等：《从资本主义阶段到资本主义多样性：教训、局限和前景》，尹昕、曹浩瀚译，《国外理论动态》2015年第11期。

② Peter A. Hall，"Varieties of Capitalism in Light of the Euro Crisis"，*Journal of European Public Policy*，Vol. 25，No. 1，2017，pp. 7 - 30.

③ ［土］埃玉普·欧兹维伦等：《从资本主义阶段到资本主义多样性：教训、局限和前景》，尹昕、曹浩瀚，《国外理论动态》2015年第11期。

关键在于"互补性"。[1] 正是这种互补性,使制度得以稳定存在,也使一种制度与其他制度区别开来。虽然每一种资本主义类型都有其拥护者,但不是说一个类型优于另一个类型。自由和协调的市场经济似乎都是提供令人满意的长期经济表现,但在创新能力、分配收入和就业上存在差异。尤其要注意到在自由市场经济和协调市场经济中公司内部结构和外部制度环境的互补性。[2] 在自由市场经济中,高层管理的集中职权使得公司在面临金融市场压力时更容易释放劳动力,利用市场机会的优势实施新的战略。相比之下,协调市场经济在面临财政和技术问题时要依靠公司对合作者的吸引力和它的声誉,而不完全依赖高层管理者。

就公司融资和劳动力市场来看,经合组织国家大致分为两类,一类是有着高度发达股票市场的国家,依赖市场协调;另一类是就业保障程度高的国家,趋向于非市场协调。[3] 在发达工业化国家中,美国的行政官僚体系最难在制定目标时不受特定的社会团体的影响,行政系统、金融体系与产业部门之间保持距离。美国经济的基本结构就是美国公司的部门竞争,这些公司得到州、地方政府与华盛顿个别部门的联系支持。美国经济增长的地区化阻碍了一项明确的全国产业政策的出现,这个特点被州和地方促进政策所强化。[4] 德国的银行普遍与产业保持着非常紧密的联系。二战后银行在德国重建以及产业扩张中发挥了重要作用。银行为企业家提供了长期资本,用产业发展的长远目标取代了对股票市场短期波动的关注。

---

①　[日]青木昌彦、奥野正宽:《经济体制的比较制度分析》,魏加宁等译,中国发展出版社 2005年版,第 6 页。

②　同上。

③　Peter Hall and David Soskice, *Varieties of Capitalism: The Institutional Foundations of Comparative Advantage*, New York: Oxford University Press, 2001, p. 19.

④　[美]约翰·齐思曼:《政府、市场与增长——金融体系与产业变迁的政治》,刘娟凤、刘骥译,吉林出版集团有限责任公司 2009 年版,第 309 页。

第二节　自由市场经济与协调市场经济

　　资本主义多样性理论用一种"关系的视角"来理解企业,认为企业的目标是在其所处环境中发展自己的核心竞争力——一种以可盈利的方式研发、生产和分配商品与服务的能力,并以此为基础,证明企业的竞争力和国家经济的比较制度优势之间的联系。在资本主义多样性分析框架中,参与战略互动的企业致力于解决它们参与经济活动时面临的各种协调问题。对企业而言,这些协调问题主要存在于劳资关系、职业培训和教育、公司治理、企业内部关系以及企业同雇员的关系五个重要领域中。通过考察企业解决它们在这五个领域中面临的协调问题的方式,对不同国家政治经济进行比较分析。[1]

　　20 世纪 90 年代以来,随着经济相互依赖的加深,各国政治经济的差异日益受到重视。最为突出的表现就是美英等盎格鲁-撒克逊国家的经济较为相似,德国等欧陆国家具有共同特点。两类政治经济体系在许多方面迥然不同:(1)一国经济活动的基本目的;(2)国家在经济中的作用;(3)企业结构和私人企业活动。在那些重视消费者福利和市场独立自主的自由社会里,国家的作用往往微不足道。在重视集体目标的社会里,国家更多地介入和干预经济。股东在美国企业管理中扮演重要角色,而在日本和德国,银行起重要作用。[2]根据这种差异,西方发达资本主义国家可以分为:[3](1)以市场为导向的美国资本主义体系。美国经济最接近新古典主义的竞争性市场经济模式,个人最大限度地争取增进自我利益,而企业则最大限度地获取利润。政府的首要职

---

　　① Peter Hall and David Soskice, *Varieties of Capitalism: The Institutional Foundations of Comparative Advantage*, New York: Oxford University Press, 2001, p. 8.

　　② [美]罗伯特·吉尔平:《全球政治经济学:解读国际经济秩序》,杨宇光等译,上海人民出版社 2006 年版,第 136 页。

　　③ 同上书,第 137、150 页。

责是调控经济、提供公共物品和消除市场失灵。美国的公司治理体系和产业结构是与其政治体系平行的。美国企业的治理和组织以分立和总体缺乏政策协调为特征。工业和金融彻底分开,资金成本高。公司的基本目标是为投资者或股东获取利润,原则上对其员工和生产单位所在的社会承担最低限度的义务。(2)德国的社会市场资本主义体系。德国的政治经济体系是欧洲大陆公司主义或福利国家资本主义的代表。在这种体系中,资方、工会和政府合作管理经济。国家在经济中发挥战略性作用,劳工在公司治理中作用突出。德国政治经济体系的核心是德意志银行,它为德国工业在战后成功地提高竞争力提供了强大支持。

美国模式是 20 世纪 80 年代以来逐步形成的。1970 年代初的中东石油危机,使西方发达资本主义国家的经济普遍深陷"滞胀"的泥潭。为了维护资本的积累和扩张,里根政府奉行新自由主义的供应学派和货币主义理论,制定和推行了一系列减少税负、扩大私有化的政策。这些政策,尤其是减少政府对经济的干预以及对企业的管制和控制等,使劳动力市场高度自由化,资本主义生产方式得到很大调整。美国经济从 1983 年开始复苏,逐渐迎来了一个新的发展高峰。

一、美国与自由市场经济

在自由市场经济中,公司依靠市场关系去解决协调问题,市场竞争强劲,几乎没有非市场形式的协调机构。主要特征是:[1]第一,公司治理。鼓励公司关注当前收益或在股票市场上的股票价格。监管机构对兼并和收购非常宽容,大公司能获得融资的条款十分严格,依赖于股票市场的估值,分散的投资者依靠公开获得的信息来评估公司价值。自由市场经济缺乏能够为投资者提

---

[1]　Peter Hall and David Soskice, *Varieties of Capitalism: The Institutional Foundations of Comparative Advantage*, New York: Oxford University Press, 2001, pp. 27 - 33.

供关于公司发展情况的公司网络。第二,劳资关系。自由市场经济的公司严重依赖个体工人与雇主之间的市场关系,高层管理者通常对公司进行单方面的控制,包括较大的雇佣和解雇的自由。公司没有义务为员工建立工人委员会之类的代表机构,工会组织的权力也远小于协调市场经济。自由市场经济中的工会和雇主组织的凝聚力和包容性较弱,经济上的工资协调通常很难保证,这些经济体更依赖于宏观经济政策和市场竞争去控制工资和通货膨胀。劳动力流动性高,缺少长期雇佣关系。第三,自由市场经济的教育和培训体系通常与高度流动的劳动力市场相补充,职业培训通常由正规教育机构提供,侧重一般技能的培养,而不是获得相对专业的技能。第四,公司间关系。自由市场经济公司间关系建立在标准的市场关系和正式合同之上。在美国,通过严格的反托拉斯法规调节这些关系,旨在防止公司串通、控制价格。在缺乏密集的商业网络和协会的情况下,建立广泛的声誉极为困难,由于公司对当前盈利的敏感性,相互间不存在关系契约和可信承诺。第五,技术创新。在自由市场经济中,技术转移在很大程度上是通过科学家或工程师从一家企业转到另一家企业实现的(或从研究机构到私人部门),即流动的劳动力市场促进了技术转移、创新技术转让的许可或销售,如生物技术、微电子和半导体技术。在美国,行业标准通常由市场竞争决定,市场竞争的优胜者通过将技术授权给其他使用者而获利。相比协调市场经济,研发联盟和公司间合作在技术转移中起到的作用较小。

二、德国与协调市场经济

德国模式是在 20 世纪 60 年代形成的。第二次世界大战不仅使联邦德国的生产力遭到了极大破坏,同时还使其面临巨额的战争赔款,战后亟待解决的主要问题就是恢复和发展国民经济。工人阶级有着强烈的参与国家和社会重建的意愿,而一部分资本家也希望改善和工人的关系,尽量为资本的积累创造新的有利条件。因此,联邦德国内部形成了特殊的阶级妥协关系。但是,20

世纪 60 年代中后期,联邦德国遭遇了战后第一次经济衰退,劳资矛盾再度恶化。社会民主党参与执政后,打破了劳资关系完全市场化和自由化的传统,强化了政府作为中间人化解劳资矛盾的职能。政府参与的"协调行动"使得劳资双方在工资协议谈判中能够适当照顾对方的立场和利益,使工资增长与经济增长幅度相适应。同时,联邦德国政府还建立了广泛的社会福利和保障制度。主要特征是:①

第一,公司的融资渠道不完全依赖公开的财务数据或者当前收益,通过长期资本在经济衰退时挽留有技能的工人或者投资一些长期项目。投资者通过企业内部数据来考察公司运营。公司管理者和技术人员将与公司发展有关的可靠数据与关系较好的其他公司同行共享。为了确保可靠性,将数据与第三方(监管方)共享,并对不实信息进行处罚。投资者可以通过几种渠道获得企业声誉和运作相关的信息:公司与主要客户和相关供应商的亲密的关系;广泛的交叉持股网络中获得的知识;获得行业协会的会员资格;公司内部结构加强了网络监控系统。德国的高层管理者很少有单方面行动的能力,必须依靠监事会达成重大决议。这种结构有利于共享信息,促进网络监督。

第二,公司赋予高技能劳动力大量的工作自治权。公司采取这样的战略容易受其他公司人才争夺的影响,因此协调市场经济就需要劳资关系机构去解决这样的问题。德国的劳资关系体系通过工会和雇主协会之间的讨价还价设定工资标准,避免人才流失。相应的制度设置是由选举产生的员工代表组成的劳资委员会,这一机构在裁员和工作条件方面有相当大的权力。

第三,协调市场经济中的大部分公司依靠拥有特殊行业技能的劳动力,就需要相应的教育和培训体系。工人需要保证学徒能充分地就业,同时企业保

---

① 邱海平、吴俊:《资本主义多样性:马克思主义的解释》,《当代经济研究》2014 年第 6 期。具体特征参见:Peter Hall and David Soskice, *Varieties of Capitalism*: *The Institutional Foundations of Comparative Advantage*, New York: Oxford University Press, 2001, pp. 21 - 27。

证工人能获得相应技能。为应对这一问题，德国依靠的是全行业范围的雇主协会和工会监管的培训体系。通过向大公司施加压力，让他们承担学徒的工作，并监督他们参与此类计划，限制了培训中搭便车的行为，在培训的类别上通过协商签订协议，确保培训内容与公司需求相匹配。

第四，公司承诺通过提供长期的雇佣期限和以行业为基础的工资，以及保护性工作委员会来保证工人与公司之间的合作。这种做法之所以可行，是由于公司治理体系有一个网络监督机制，同时有效的职业培训计划，阻止挖人的劳资关系体系，都能够鼓励共同标准的制定和促进技术转让中的公司间协作。

第五，由于协调市场经济中许多公司都使用长期劳动合同，所以它们不能像自由市场经济那样依靠技术人员在公司间的流动进行技术转让，而是通过公司间的关系实现技术的扩散。大量的研究由公司联合资助，企业协会通过与政府官员合作促进新技术的扩散。企业协会制定的共同技术标准促进新技术的扩散，有利于形成共同的知识基础，促进不同公司人员之间的协作。德国建立了一套合同法体系，对强大的行业协会进行补充，鼓励公司之间的关系性缔约和技术转让，用以解决公司间的争端，从而推动了专注于产品差异化和细分市场生产的公司战略。相比之下，在产品竞争激烈的自由市场中，公司之间的密切合作是难以维持的。

第三节　资本主义多样性的演进

资本主义多样性的发展会导致趋同吗？主流正统观点主要依据新古典政治经济学工具，构建了一个"理想模型"，提出了一种"最佳实践"，这种模型或实践是经济体的组织带来的结果，并且是唯一必然和合理的结果。所有不同于"最佳实践"的政治经济体都会向它趋同，除非存在非理性的外部力量。趋同论认为协调市场经济向自由市场经济趋同的催化剂是全球化的压力和市场结构的改变:第一,企业的竞争力通过劳动力成本来评定。只要有机会,企业会通过将生产转移到国外来降低劳动力成本;第二,国家间相互依存对资本更加有利,资本的流出机会比劳动力更多;第三,全球资金流增长,协调市场经济中的企业只有转向自由市场经济,才能吸引国外投资者,增加其全球市场份额。同时不得不考虑资本的投资回报率和股价,由此可能会改变整个政治经济体的其他制度,导致进一步的趋同。① 资本主义多样性的理论框架,并不同意"最佳实践"理论的观点及其提出的趋同论,而认为全球化导致各国企业相似这一论述是不充分的。依据自由市场经济和协调市场经济不同的体制特点,每种市场类型的企业将致力于不同的战略性互动,以便最大地受益于制度背景,其结果是不同类型的经济体中的企业对相同的变化会有不同的反应。

一、制度延续性

人们一直批评资本主义多样性理论,认为其无法解释变革,尤其是解释变革如何代替了主流自由主义经济理论的内在不足。再如马克思主义者所批评的,资本主义多样性理论"陷入了一种新的制度决定论"。资本主义多样性研究使用"均衡—功能主义"方法观察当代资本主义,加之对制度互补和路径依赖的过分关注,看到的更多是当代资本主义现有协调形式的多样性,是基本矛盾得以缓和的资本主义制度暂时的生命力,而不是资本主义制度的演变方向和终极历史趋势。② 然而,制度性变革是以十年、而非年为单位而计的,甚至不以政府的任期为单位。近二十年来,世界范围内产生了一种更为自由资本主义的倾向。然而,国家间的鸿沟变得更大,资本主义多样性两种类型的内涵也在增加。如欧盟大学研究院(European University Institute,EUI)的本尼迪克塔·马尔奇诺托(Benedicta Marzinotto)指出,全球化的战略调整受比较

---

① [土]埃玉普·欧兹维伦等:《从资本主义阶段到资本主义多样性:教训、局限和前景》,尹昕、曹浩瀚译,《国外理论动态》2015年第11期。

② 常庆欣:《没有"资本主义"的资本主义多样性研究》,《政治经济学评论》2016年第3期。

优势的影响,协调市场经济国家与自由市场经济国家——也受到这些国家想要保持自身优势的影响。即使面对外部冲击,以及面对内部要求变革的压力,制度的历史性嵌入意味着,无论这些制度能否实现其目的,也无论制度服务于谁的利益,制度潜在的互补性都是可以延续下去的。制度一旦形成,就会彼此增强,企业也会根据制度确立起行为的协调方式,而这些方式是企业长期遵行的。[1] 制度稳定意味着在任何时候,主体都不能跳脱出其所在的环境而实现变革。面临系统外生的冲击,变革常常是逐渐发生而非跳跃性的。这是因为在国家和地区层面上,资本主义的生产关系及其制度背景导致了资本主义经济系统内的制度稳定而非制度变迁。[2]

趋同论认为协调市场经济向自由市场经济趋同的重要催化剂是全球化的压力。经济发达国家之间确实已出现了经济业绩趋同的现象,由于贸易自由化的影响,美国和其他工业国之间的生产力水平和其他经济指标已经趋同,但各国制度并没有发生趋同。德国的参与型资本主义体系在 20 世纪 90 年代受到过严重压力。德国过分慷慨的福利支出和提高经济效率需要之间的矛盾已成为严重问题,促使德国公司到东欧、美国等地方去建立生产设施。改革和重组德国经济,使之迈入信息时代的中心任务之一是消除或至少大大地削弱紧密的银企联盟,这种强大的联盟凭借交叉持股或互兼董事的网络关系结合在一起。银企联盟的消极后果是把大量资金围于传统工业中,挫伤个人创业的积极性,但是德国不会完全放弃社会市场经济而转向自由市场经济。[3] 总体来看,技术发展的每个阶段和资本积累都要求有不同形式的经济和社会技术结构。资本主义多样性的存在表明,经济发展的阶段或时机决定经济体系的

---

① Benedicta Marzinotto, "Book Review: Varieties of Capitalism: The Institutional Foundations of Comparative Advantage", *Review of International Affairs*, Vol. 78, No. 3, 2002, p. 632.

② Peter Hall and Kathleen Thelen, "Institutional Change in Varieties of Capitalism", *Socio-Economic Review*, Vol. 7, 2009, pp. 7-34.

③ [美] 罗伯特·吉尔平:《全球政治经济学:解读国际经济秩序》,杨宇光等译,上海人民出版社 2006 年版,第 165—166 页。

性质和适合程度。资本积累方法（通过企业、银行或国家）是由经济发展的历史时机决定的。较早实现工业化的英美依靠企业家和股东的资本积累，较晚进行工业化的德国和日本则靠强大的银行来实现积累。[①]

霍尔和索斯凯斯否认协调市场经济向自由市场经济的趋同。尽管劳动力成本低对企业来说总是很有吸引力的，但这并不必然导致生产向海外的转移，因为比劳动力成本更重要的是来自制度的支持。协调市场经济现存的制度结构是向自由市场经济趋同的最大障碍。面对全球化的压力，为了不破坏自身制度框架的一致性，两种纯粹型经济都倾向于制定不同的策略，其企业会依据这些策略来组织它们的活动。[②] 美国型资本主义既不是最优效率的，也不是普遍适用的，从而否定了新古典经济学的"世界向美国型资本主义收敛"的假说。在现实中，新自由主义弱肉强食的"市场原教旨主义"导致非正规雇佣劳动者数量的增加、贫富差距扩大、环境破坏等问题。以霍尔和索斯凯斯为代表的资本主义多样性学派，通多对企业诸多制度调整形态的考察，发现在效率和公平方面，协调市场经济国家都比自由市场经济国家做得好。[③] 自由市场经济和协调市场经济这一分类在全球化日益推进的当下仍是适用的：国家在面对全球化的挑战时，相较于激发剧烈的变革，改善和延伸已有的稳定制度是更简单与有利的选择。

二、公司治理体制的变化

美英和德国在公司治理核心体制上存在巨大差异，包括股票市场、员工代表制度以及管理制度。一种是"股东模式"，其特点是用市场来调控公司及其组成要素之间的关系，另一种是"利益相关者模式"，采用非市场性的制度。英

---

① ［美］罗伯特·吉尔平：《全球政治经济学：解读国际经济秩序》，杨宇光等译，上海人民出版社 2006 年版，第 157 页。

② 常庆欣：《没有"资本主义"的资本主义多样性研究》，《政治经济学评论》2016 年第 3 期。

③ 吕守军、郭俊华：《资本主义多样性与马克思主义经济学创新》，《经济纵横》2010 年第 10 期。

国公司受首席执行官的主导,拥有与股价挂钩的强大绩效激励机制,公司的所有者是分散的组合投资型股东,其主要利益关注点在于股价,且愿意支持一些高风险战略,这些公司的员工对绩效激励机制做出积极响应,对于公司重组计划的反对能力相对较弱。相反,德国公司的决策需要在顶层管理层、核心股东和员工代表三方中达成一致;对于核心股东来说,股价水平只是众多关注点中的一项;强大的员工代表能够减慢或阻碍公司变革的步伐。[①] 德国企业与其不同利益相关者的关系很大程度上是由非市场体制支配的。德国的公司股权高度集中在长期的战略行动者手中,并与公司有多重联系。雇员代表制度正式赋予了员工参与公司决策的权力。德国的公司法通过将顶部管理层的权力分散,使得公司不同功能部门通过协商和谈判达成一致。相反,在英国,这些关系受市场调控的程度要大得多。英国股票市场的特点是股权分散,自愿性劳资关系体系使得员工在公司决策过程中没有正式的发言权,管理者的权力也不如德国稳固,更多取决于市场状况。

尽管在公司治理上,美英和德国有明显的制度性区别,但核心问题是,在全球化的背景下,这种区别是否依然显著。在 1990 年代初,英国和美国的部分企业表示,要在世界市场上保持产业竞争力,也应该采用利益相关者模式。由于德国的利益相关者模式也遭遇了产业竞争力不足的问题,它们的关注点更多转向了机构投资者的力量,以此使企业模式变成股东模式。机构投资者向本国以外地区投资的意愿逐步增强,向外寻求可能带来更高回报的投资机会。为了吸引投资者持有的可用于实现产业现代化的资本,利益相关者模式慢慢削弱了。然而,起源于根深蒂固的历史传统,体制的根本性变化所面临的障碍是巨大的,英国与德国公司治理体制的变化往往渐进而行。英国和德国内部都有激进改革的支持者,在英国,工党的部分成员以及工会运动的一部分

---

① Peter Hall and David Soskice, *Varieties of Capitalism: The Institutional Foundations of Comparative Advantage*, New York: Oxford University Press, 2001, pp. 346.

（成员）支持引入德国的"利益相关者资本主义"模式，来抵制产业中的短期主义和急功近利。在德国也有支持自由市场的公司治理和金融监管模式的声音。然而，两国的变革诉求的支持者都明显只是少数，对于两国体制变化进程的实际影响都微乎其微。事实上，除了在德国金融监管领域有部分例外，其他变革的特征显然还是渐进性的。[①]

第四节　资本主义多样性框架
在美欧气候政策中的应用

低碳、气候变化、能源问题的密不可分，使得当前美欧气候—能源战略都在向能源—气候战略调整，以重建气候变化、经济竞争力和能源安全三重目标之间的平衡，鉴于此，本研究以气候政策为重点，同时关注与之相关的能源政策、低碳创业与创新政策、美欧汽车业跨国公司减排，从而更全面地把握美欧资本主义多样性下的政策差异。

一、美欧气候及能源政策

在气候政策上，美国注重市场力量，欧盟致力于创造新的规制型市场。从20世纪70年代开始，为减少温室气体排放，欧盟选择了价格管制，而美国选择了数量管制，这种差异反驳了新自由主义的单一解释，体现了美欧制度上的不同。21世纪初，由于国际示范效应和政策学习，美欧逐渐形成一种以市场为基础的混合政策，欧洲引入了排放交易（数量管制），美国加州则确立了上网电价补贴机制（价格管制）。在气候变化领域的自由主义政策类型的混合，从

---

① Peter Hall and David Soskice, *Varieties of Capitalism: The Institutional Foundations of Comparative Advantage*, New York: Oxford University Press, 2001, p. 346.

地理范围的角度来看是不平衡的。欧盟的混合型政策,如欧盟排放交易机制,比美国的混合型政策的影响范围要大。① 除了市场化气候政策之外,英国能源政策去政治化、北欧可再生能源发展、英德能源政策差异也是资本主义多样性的具体表现。

二、美欧低碳产业与创新差异

产业与技术创新是低碳发展的关键,但技术从来不会自行发生作用,技术必须嵌入更大的政治、经济和社会框架中。美欧经济体分别属于自由市场经济和协调市场经济,美欧技术创新差异主要体现在创新类型、政府角色和行业减排规制上。美国在激进创新上独具优势,欧盟更强于渐进创新。美国成功地以技术革命创造新市场,从核反应堆、集成电路到个人电脑,美国一直处于创新的最前方。其竞争优势主要在信息技术等领域,而非工业部门。由于偏向市场来协调经济活动,自由市场经济国家往往会延误渐进技术创新,除非消费者需求驱动的市场压力能够带来明显的短期利益。协调型市场制度赋予渐进创新优势,也成为激进创新的阻碍。欧洲的创新面临技术和结构两方面的障碍,规模过小的风险投资和严格的劳动法限制了当地的技术创新。

三、汽车业跨国公司减排差异

公司如何应对环保所面临的协作问题,受其所在国家制度环境的制约。美国和德国汽车业跨国公司的减排是截然不同的,通过对比通用汽车公司、福特汽车公司、宝马公司和戴姆勒股份公司可以发现,美国跨国公司的减排整体落后于德国。一方面,美式自由市场经济支持市场竞争、反对共同协作,国家与企业相互对立,公众的环保意愿并不能带来变革。德国企业的行

---

① Jonas Mekling and Steffen Jenner, "Varities of Market-based Policy: Instrument Choice in Climate Policy", *Environmental Politics*, Vol. 25, No. 5, 2016, pp. 853 – 874.

为并非仅由市场与价格信号主导、决定,而是基于合作网络的国家—社会关系,制度支持对社会关切进行回应。另一方面,美国跨国公司的环境保护更具"漂绿"色彩,即使公司能够研发和提供更为环保的产品,前提必然是生产成本低,或者政府提供补贴。德国公司的环境治理融于企业社会责任之中,公共利益与企业目标更为融合。

四、美欧气候政策的发展趋势

新自由主义经济政策的全球化在某种程度上催生了市场自由主义的气候治理方式。随着美欧福利资本主义被新自由主义政策日益侵蚀,美国气候政策呈现倒退趋势,欧盟对全球气候政策的领导也显得力不从心。美欧气候政策将会在现有资本主义多样性的基础上推进,突出表现是盎格鲁-撒克逊模式和欧洲模式,盎格鲁模式以市场自由主义来应对减排与社会政策的冲突。市场自由主义认为经济增长和收入增加是实现人类福利和可持续发展的基本前提,环境恶化的主要原因在于贫穷、市场不健全和政策失败。欧洲模式倡导严格的减排计划、激进的社会政策与生活方式的转变,从而在社会团结的基础上,扩大就业权利,应对环境问题,实现经济增长和社会包容。

第二章　美欧气候及能源政策

美国气候及能源政策主要靠市场力量推动,目标是商业机会和成本效益。欧盟国家在应对气候变化和节能减排行动中,始终处于最前列。2014 年,欧盟委员会提出《2030 年气候与能源政策框架》,欧盟的气候及能源政策连为一体,但在欧盟成员国中,温室气体排放和能源结构依然存在较大的差异。2013 年德国的发电量中可再生能源所占比率已经达到约 25%。按新的规划,到 2025 年这一比例将达到 40%~45%,2035 年达到 55%~60%。而波兰极度依赖煤炭工业,捷克、匈牙利、罗马尼亚和保加利亚也在传统能源转型上缺乏技术和财力,法国则倚重核能。本研究关于欧盟内部分歧的讨论主要集中在英国、德国与北欧的能源政策差异。

第一节　美欧气候政策演变

通过市场机制实现减排通常有两种方式:一是碳税,每单位污染拥有固定的价格,向污染者强制征收。另一个是碳排放交易体系(ETS),设置一个固定的排放量和单位污染物的价格,允许排污者在市场上对排放权进行交易。碳交易和碳税是应对气候变化的主要政策工具,前者属于数量管制,后者属于价格管制。数量管制就是通过明晰碳排放产权,并通过碳市场参与者的自由交易来使社会总效用最大化;碳税是基于价格控制的碳定价机制。碳税可确保碳价符合经济规律,碳排放交易通过控制排放总量,可确保减排对环境产生正面影响。通过设定碳价和减少碳排放,二者可内化气候变化相关成本,进而对经济决策产生积极影响。此外,二者也有助于增加收入,更好地激励对低碳发展的投资。碳税与排放交易,或者广义来看,价格管制与数量管制,何者更为高效?美欧表现出不同的政策偏好。1990 年,美国提出了污染权交易理论,随后应用到酸雨治理中。各企业争先恐后地寻找最廉价的方式来减排,而效率最高的企业可将配额出售给效率较低的企业。欧洲在 2005 年启动"总量控制与交易"市场。

一、美国气候政策

1997 年 7 月 25 日,美国参议院通过的"伯瑞德-海格尔决议"(Byrd-Hagel Resolution)为美国气候政策的立场和方向奠定了基调。该决议的核心内容是美国不得签署任何与《联合国气候变化框架公约》有关的议定书,这成为美国历届政府制定气候变化政策的纲领性文件。美国国内气候与能源政策分歧严重、进展缓慢。其主要原因在于经济形势低迷、民意支持基础削弱及利益集团争夺加剧等,枪械管制和美国债务上限等政治问题也会影响对气候变化的关注度。克林顿政府时期,美国的环境外交有很大的成果,但基本上是绕过参议院进行的,虽然克林顿政府签署了《京都议定书》,但《京都议定书》并未被参议院批准。小布什采取了保守的环境政策,对《京都议定书》采取消极态度。奥巴马就任后,在气候变化问题上试图摆脱以往单边、孤立的做法。奥巴马新政的目的是通过绿色经济拉动美国经济复苏,保障能源安全,同时重新树立美国在气候政治中的领导形象。奥巴马政府应对气候变化最关键的措施就是能源政策。特朗普在参选时,就提出要重振美国的煤炭行业,减轻对于传统能源行业发展的限制。在其当选之后公布的施政纲领中,同样也把能源问题放在了突出位置,反对管制型的气候变化政策。特朗普政府任命了多位具有能源企业背景的内阁成员,如前国务卿雷克斯·蒂勒森(Rex W. Tillerson)是埃克森美孚石油公司的首席执行官;商务部长威尔伯·罗斯(Wilbur L. Ross)是私募股权公司 WL Ross & Co 的董事长,曾并购多个煤炭钢铁工业企业;能源部长詹姆斯·佩里(James R. Perry)曾任得克萨斯州长,是总部设在达拉斯的能源传输公司董事会董事,这家公司承建着北达科他州输油管线项目;环境保护署署长斯哥特·普鲁特(Scott Pruitt),曾任俄克拉荷马州总检察长,与石油化工行业联系紧密,并对全球气候变暖持怀疑态度,对奥巴马政府的气候变化政策提起过法律诉讼。[1]

表 1   美国气候政策发展

时间	名称	意义	目标	措施
2005	国家能源政策法-2005	美国近 40 年来包含内容最广泛的能源法	提高能源的利用效率和促进节能,开发发展替代能源和可再生能源,减少对国外能源的依赖	开发新能源,通过税收优惠、补贴等财税政策促进节能
2007	美国气候安全法案	美国第一部在议会委员会层面得到通过的温室气体总量控制和排放交易法案	2005 年的排放量作为 2012 年的总量的控制目标并逐年减少,在 2020 年降低到 1990 年的排放水平(比 2005 年减少 15%),进一步在 2050 年比 1990 年排放水平减少 65%(比 2005 年减少 70%)	总量控制和排放交易的体系
2009	美国再投资与恢复法案	突出了新能源和可再生能源投资	发展清洁能源,带动产业升级	发展下一代生物燃料和燃料基础设施,加速可外充电式电油混合动力车的商业化等

---

① 全球变化研究信息中心:《特朗普宣布退出〈巴黎协定〉国际反响及其走势分析》,2017 年 6 月 21 日。

(续表)

时间	名称	意义	目标	措施
2010	国家能源法案	能源供应的自给化，实现最大程度上的"自给自足"	确保美国未来的能源供应，为美国清洁能源的生产、大幅减少污染排放、创造就业以及其他方面的发展提供有效激励	立足于美国国内社会经济发展的需要，侧重解决美国的安全、经济和竞争力等问题
2013	总统的气候行动计划	美国政府在气候变化和低碳发展领域所发布的最高级别行动计划	美国气候变化应对政策正在从过去的相对被动全面走向积极主动	从气候变化的干预（碳减排）到气候变化的适应（碳影响），再到气候变化的应对（碳领导力），行动计划为美国设定了一个全方位的立体气候政策
2014提出，2015修订	清洁电力计划	2030年之前美国减排的主要路径	每个州都需在2030年达到由联邦环保署EPA制定的电力减排指标	限制电力产业的二氧化碳排放
2017	关于促进美国能源独立与经济增长的行政命令	传统能源行业与就业增长成为优先考量，为经济发展解除碳排放束缚	助推非常规油气行业的扩张和提振传统煤炭产业，带动能源上下游产业新一轮的发展，创造更多就业岗位，还能为美国经济提供成本更低的能源供给	退出《巴黎协定》，加大对传统能源的支持
2019	正式要求退出《巴黎协定》	"去气候化"行动	将美国转变为一个能源超级大国	试图废除大量的污染法规，以降低天然气、石油和煤炭的生产成本

近二十年来，美国通过了许多法案和计划（表1），目的在于通过气候行动促进美国经济发展以及强化美国在气候领域的领导权，美国历届政府的这一立场具有一定的延续性。美国气候外交一直以来的高姿态、低承诺特点，充分说明新自由主义、实用主义取向在美国政治中根深蒂固，罗斯福新政后不断扩大的总统权力在气候问题这一不被重视的领域中虽然几经瞩目，但依然无果

而终。总体来看,对美国的气候政策不能抱太大希望。作为自由市场经济的原型,美国的新自由主义改革与气候政策是相悖的。[①]

(一) 二氧化硫交易和碳交易

1990 年,美国成为第一个支持污染定价、建立二氧化硫交易项目的国家。尽管该计划的覆盖范围远远小于碳市场,但被视为一种有效的替代传统官僚管理的方法。鉴于美国经济构成了大约四分之一的全球温室气体排放量,其政策目标在于使美国工业的履约成本保持在尽可能低的水平,这意味着通过市场机制创造最大的“灵活性”。[②] 二氧化硫排污权交易开始于共和党执政时期,而共和党支持用市场手段进行环境保护。由于碳交易牵涉众多的行业,共和党认为对碳排放收费会严重地危害美国经济。碳排放牵扯到整个化石燃料相关产业,相对来说二氧化硫的影响就小了很多。为什么美国实施二氧化硫排污权交易,而没有开展碳交易? 一个重要的原因是,二氧化硫的危害在所有人看来都是毋庸置疑的,但二氧化碳的危害却充满争议。二氧化碳的影响主要存在于未来,很难说服人们当下就去限制碳排放。

1992 年 5 月 9 日,联合国政府间气候变化专门委员会通过了《联合国气候变化框架公约》,1997 年 12 月于日本京都通过了《公约》的第一个附加协议,即《京都议定书》。《议定书》把市场机制作为解决温室气体减排问题的新路径,即把二氧化碳排放权作为一种商品,从而形成了二氧化碳排放权的交易。碳交易是为促进全球温室气体减排,减少全球二氧化碳排放所采用的市场机制。碳排放交易体制和市场主导的可再生能源发电体系在美国和英国发展最为迅速,美国在《京都议定书》谈判过程中要求采用市场主导的碳排放交易机制,迫于美国的压力,欧盟也采用了碳排放交易机制。

---

① Robert MacNeil, "Death and Environmental Taxes: Why Market Environmentalism Fails in Liberal Market Economies", *Global Environmental Politics*, Vol. 16, No. 1, 2016, pp. 21 - 37.

② Ibid.

美国 1990 年出台的《清洁空气法案》首次提出采用碳排放交易机制，即酸雨计划。酸雨计划的核心是基于市场的许可证交易。这个计划的前提是认可人们的环境使用权。在环境有自我净化能力的前提下，人们有权向环境中排放一定量的污染物。计划实施以后，交易许可证受到企业的欢迎。酸雨计划之所以得到成功，根本原因还是在于它通过市场手段，激发了企业降低污染的积极性，大大降低了美国社会的减排成本。1993 年，南加州先前卓有成效的指令计划体系被新的碳排放交易机制取代，此后其减排情况进展缓慢，相关领域的科技创新也趋于停滞。① 1997 年 12 月通过的《京都议定书》是推进全球碳排放市场化机制运行的纲领性文献。《议定书》允许难以完成减排指标的发达国家从超额完成减排指标的发展中国家购买超出的额度，即"碳交易"。美国最终拒绝批准《京都议定书》，但此后，所有其他签署国接受了全世界范围内的碳排放定价。尽管碳税在美国被抵制，碳排放交易依然受到欢迎，作为潜力巨大的新金融市场，它与美国的金融利益密切相关。

二战后，制造业的主导地位逐步被全球金融取代。自 20 世纪 70 年代危机以来，金融业逐渐放松管制，导致全球金融市场大幅度扩张，英国从 1997 年开始大力推行排放交易的动机之一是推动伦敦形成具有结构性优势的新兴碳市场。英国早期在这个领域的实践使英国公司逐步积累经验，从而获得领先地位。当时全球碳市场中所有行业排放交易的 59％是通过伦敦组织的。这至少与 20 世纪 90 年代初期以来英国经济战略的总体目标一致，即推动伦敦更加有利于与纽约竞争，成为全球金融的中心。② 20 世纪 90 年代以来，有关排放交易的政策网络不断发展，其成员主要是来自英国和美国的经济学家，从 1990 年开始就有关气候变化的排放交易撰写研究报告。这个小组的主要成员

① David Toke and Volkmar Lauber, "Anglo-Saxon and German Approaches to Neoliberalism and Environmental Policy: The Case of Financing Renewable Energy", *Geoforum*, Vol. 38, 2007, pp. 677 - 687.

② Matthew Paterson, "Who and What are Carbon Markets for? Politics and the Development of Climate Policy", *Climate Policy*, Vol. 12, No. 1, pp. 82 - 97.

包括迈克尔·格拉布(Michael Grubb)、汤姆·泰坦伯格(Tom Tietenberg)、罗伯特·斯塔文斯(Robert Stavins)、斯科特·巴雷特(Scott Barrett)、理查德·桑德尔(Richard Sandor)和迈克尔·赫尔(Michael Hoel)。[①] 2007 年,由企业和非政府组织共同发起成立了美国气候行动合作组织(United States Climate Action Partnership, USCAP),其成员包括通用汽车、通用电气、英国石油美国公司等重量级企业,也有"自然保护"等环保组织。这些企业和组织携手游说政府采取措施加强对二氧化碳排放量的监管和控制。该组织要求美国2050 年二氧化碳排放量要在目前的基础上削减 60%~80%,同时构建一个进行碳排放交易的全国性统一市场。然而,以化石燃料为主导的能源企业在政界影响巨大,反对设置全国性碳排放交易总量,只有部分地方政府和企业自下而上地探索区域层面的碳交易体系建设,如芝加哥气候交易所的自愿交易、加州总量控制与交易体系等。

(二) 加州上网电价补贴

2009 年,美国国会先后提出了《拯救我们的气候法案》《美国能源安全信用基金法》等碳税法案,所有的法案均建议对石化燃料产品的生产和进口进行征税。但是,这些法案最终没有通过审议。虽然部分美国州或市政府进行了征收碳税的实践,但在国家层面还没有进展。2016 年 4 月 22 日,包括美国在内的 175 个国家在联合国签署了《巴黎协定》,根据该协议,到 2025 年美国要实现在 2005 年基础上减排 26%~28%。不少经济学家认为,美国要兑现这一承诺,推行碳交易税是一个可行的办法。目前美国已经有部分州开始尝试实施碳交易税,如 2009 年在纽约州、马萨诸塞州、马里兰州等 9 个州开始实施的区域温室气体行动计划(Regional Greenhouse Gas Initiative, RGGI)和

---

① UNCTAD, "Combating Global Warming: Study on a Global System of Tradable Carbon Emission Entitlements", United Nations Conference on Trade and Development, New York, 1992.

2012 年加州开始实施的碳税交易计划。碳交易税的额度由需要购买超标排放额度的企业相互竞价确定,因而被认为是一种通过市场化手段促进企业节能减排的措施。事实上,在美国全国范围内推行碳交易税存在现实障碍。在政治层面,共和党信奉小政府的执政理念,对加税一直非常敏感。而且在如何分配碳交易税收入的问题上,两党分歧明显。共和党人希望利用增加税收来降低公司税和富裕阶层的税收,或者降低政府的债务水平,而民主党人则希望增加的税收能用于补贴低收入阶层的生活。①

　　为推动可再生能源使用,美国政府采取了可再生能源发电税收抵免,作为一项联邦刺激政策,鼓励风能或者其他可再生能源用于发电。各州也提供了政策支持,如补贴、贷款、退款和税收抵免,用于支持可再生能源发展。2006 年加州引入上网电价补贴,这是美国首次引入定价工具。加州的上网电价补贴政策是为了补充 2002 年的可再生能源组合标准,使其成为一个混合型政策工具。加州已经成为清洁能源创新的中心。同时它还是美国最具改革性的清洁能源法案的发源地,如可再生能源配额制(The Renewable Portfolio Standard, RPS),该法案要求加州的公用设施采用 20% 的可再生能源,到 2020 年增加到 33%。尽管有这项指令,加州的公共设施依然没有达到目标。例如,太平洋天然气与电力公司 2008 年只采用了 13% 的可再生能源,比 2003 年该法案生效时的比例还低。很明显,如果没有适当的财政激励来确保可再生能源与化石燃料的同等地位,仅靠"可再生能源配额制",来快速推进加州可再生能源的发展是远远不够的。为了帮助加州的可再生能源发展走上正轨,2010 年 7 月 12 日,太平洋环境组织(Pacific Environment)提出,是时候对可再生能源采取实际行动了,一项设计良好的电价补贴政策能大力推动可再生能源项目的迅猛发展,因为它承担了大部分可再生能源开发商所要面对的财政风险。电价补贴政策已

---

① 郑启航:《美国实施碳税有多难》,《中国证券报》,2016 年 5 月 14 日。

经在德国、法国、加拿大的安大略省及其他地区的可再生项目中广泛应用。①

上网电价补贴的引入源自可再生能源组合标准的有限作用和欧洲上网电价补贴的示范效应。可再生能源组合标准没有为可再生能源发展带来足够的动力，实际上，可再生能源组合标准在美国面临着诸多挑战，在该政策刚开始施行的几年间，可再生能源的发展十分缓慢。其原因是多方面的，包括规制要求、运输限制和能力不足等。2005 年，德国在行政化上网电价补贴政策下，太阳能使用达到了较高的水平。加州太阳能产业联合会代表表示，这在加州引起了普遍的"对德国的嫉妒"，德国的成功故事广为流传。② 2010 年，一场围绕上网电价补贴（FIT）立法的争辩激烈展开。虽然美国各州公用事业委员会可以借鉴国际上其他上网电价计划的设计，但总体上在美国面临立法的限制，由此导致在美国实施这样的计划要比欧洲更为困难。

二、欧盟气候政策

（一）碳税和上网电价补贴

欧盟的价格管制主要包括碳税和上网电价补贴。第一，碳定价。在 20 世纪 90 年代至 21 世纪初，欧洲多国相继实行了碳税政策：芬兰（1990）、挪威（1991）、瑞典（1991）、丹麦（1993）、荷兰（1996）和英国（2001）。英国气候变化税是对《京都议定书》的回应。1991 年，欧盟委员会提议在全欧范围征收碳能源税（carbon-energy-tax），但最终失败了。之后，瑞士（2008）、爱尔兰（2010）、澳大利亚（2012）先后施行了不同形式的碳税政策。芬兰、瑞典、挪威、丹麦和荷兰是全球最早推出碳税的五个国家，并且碳税在这些国家作为一个明确的税种单独提出。意大利、德国和英国碳税的推出时间落后于前者，这些国家的

---

① 《适合加州的电价补贴》，《中外对话》，2010 年 5 月 8 日，https://www. chinadialogue. org. cn/blog/3761-A-Good-FiT-for-California/ch。

② Jonas Meckling and Steffen Jenner, "Varieties of Market-based Policy: Instrument Choice in Climate Policy", *Environmental Politics*, Vol. 25, No. 5, 2016, pp. 853 – 874.

碳税属于拟碳税,即没有将碳税作为一个单独的税种直接提出,而是通过将碳排放因素引入已有税收的计税依据,形成潜在的碳税。第二,促进可再生能源发展。早期关于可再生能源政策的尝试建立在价格管制之上,如行政型上网电价补贴(administrative FITs)。最早将上网电价补贴写入法律的是德国(1990),要求可再生能源电力生产商为每一千瓦时的可再生能源电力缴纳固定的税额。这一规定在2000年进行了修改,以适应不断增长的可再生能源生产。而这一措施也经由德国在整个欧洲范围内得到了发展。上网电价补贴在欧洲的扩散分为两个阶段:1992—1994年,五个国家实行了上网电价补贴政策(西班牙、丹麦、意大利、希腊和卢森堡);1998—2004年,有十三个国家实行了该项政策。截止到2016年,超过20个欧盟国家都在执行上网电价补贴政策。[1]

欧盟对可再生能源的扶持历史悠久,早在2001年,欧盟就通过立法,推广可再生能源发电。此后,欧盟还于2009年4月通过了新的可再生能源立法,把扩大可再生能源使用的总目标分配到各成员国。得益于政策扶持,不少欧洲企业在风能、生物能等可再生能源领域掌握着前沿技术,成为行业的佼佼者。但是,欧盟及其成员国对可再生能源的补贴做法也遭到了质疑,可再生能源产业的成本已经大幅下降,欧盟范围内对可再生能源普遍实施补贴的制度"造成了市场的乱象,增加了消费者的支出"。新规则更倾向于让市场占据主导地位,以降低电价,增强可再生能源产业本身的竞争力。[2]2014年4月9日,欧盟委员会发布新规,宣布逐步取消对太阳能、风能、生物能等可再生能源产业的国家补贴。新规7月1日正式生效,且自2017年起,所有的欧盟成员国都将被强制限制对可再生能源产业进行补贴。根据新规,欧盟所有成员国需要逐步取消对可再生能源产业的特别补贴政策,以确保"更具成本效益的"可再生能源发展。

---

① 　Jonas Meckling and Steffen Jenner, "Varieties of Market-based Policy: Instrument Choice in Climate Policy", *Environmental Politics*, Vol. 25, No. 5, 2016, pp. 853 - 874.

② 　中国储能网新闻中心:《世界各国最新光伏补贴政策盘点》,2014年4月24日。

（二）欧盟碳排放交易体系

2005 年,欧盟推行排放交易计划以补充碳税政策。欧盟碳税提案的失败和二氧化硫交易在美国的成功为此提供了契机。在这一背景下,有影响力的能源产业获得了欧委会的支持,数量管制被视为成本最低的气候规制模式。具体来说,欧盟碳排放交易体系的推行主要受以下因素影响:①

首先,欧盟碳税的失败和美国的二氧化硫交易的示范效应。欧盟选择采取数量管制的关键原因在于欧盟范围内碳税协议的失败。1991 年,欧委会提出了有关气候政策的一揽子计划,其中就包括碳能源税。欧委会敦促各成员国尽快给出方案,使欧盟在即将到来的国际气候会议上保持主动。德国和荷兰等国对此表示支持,但英国、西班牙等国坚决反对。商业界对欧委会的举动表示十分震惊,并迅速组织了一场反对该税的运动。该项提议最终未能获得通过。同时,国际示范效应使欧盟对排放交易产生了兴趣。尽管在国际层面上,《京都议定书》并不强制要求采用排放交易,但是美国明确表示它加入该项协议的前提是必须使用市场机制。如果欧盟各国政府要继续和美国进行国际气候合作,就必须采取市场机制。这是欧盟选择该项政策的外部动因。另外,美国二氧化硫机制也证明了排放交易的可取之处。该项目不仅提前达到了环境改善目标,并且花费低于预期成本。

其次,生产者偏好。随着公众对气候政策的需求愈发强烈,主要的能源生产者和能源密集型制造业(尤其是英国)开始致力于推进排放交易。作为欧盟最自由的市场经济体,英国最有可能成为排放交易输入欧盟的突破口。1999年 6 月,30 个组织在英国工业联盟(Confederation of British Industry, CBI)、英国环境排放咨询委员会(Advisory Committee on Releases to the Environment,

---

① Janas Meckling and Steffen Jenner, "Varities of Market-based Policy: Instrument Choice in Climate Policy", *Environmental Politics*, Vol. 25, No. 5, 2016, pp. 853 - 874.

ACRE)的召集下,在英国石油公司伦敦总部成立了英国排放权交易机制。创始成员大部分是油气生产商及电力行业,包括英国石油公司、英国天然气公司、国家电力及许多产业联合会(如电力生产商协会)等。在应对气候变化的行动选择上,英国十分青睐碳排放交易机制,不仅在2002—2006年试行世界首个国家碳排放交易体系,之后还充分利用欧盟碳排放交易体系促进减排。鉴于超市、银行等非能源密集型企业和公共机构的碳排放量占英国碳排放总量的10%,却从未被纳入碳减排计划,英国政府建立了一个具有法律强制性的、覆盖全国的总量控制与交易机制,即碳削减承诺能源效率体系(Carbon Reduction Commitment Energy Efficiency Scheme,CRC),目标是在2020年前实现大型商业和公共机构每年减排120万吨二氧化碳。2010年颁布《碳削减承诺能源效率体系指令》后,CRC体系正式启动。[①] 英国石油公司和其他英国企业还致力于将对排放交易的商业需求扩散到欧洲层面。除了石油巨头,英国电力公司在欧洲电力协会中也大力推广排放交易机制。值得注意的是,英国石油公司和壳牌公司与欧委会之间有着良好的联系渠道。这两家公司在内部设立了温室气体排放交易机制,为排放交易在气候变化领域的功效提供了证明。这一经验对于欧洲政策制定者进一步探究在全欧洲范围内推行排放交易政策的可能性提供了参考。[②]

最后,欧委会在排放交易实践中起了重要引领作用,尽管在全欧洲范围内征税超出了欧委会的能力范围,提议建立一个交易许可制度是可行的。欧盟的制度结构有利于欧委会实行数量管制,推行全欧洲范围的气候政策,对于欧委会实现其核心职能(如保护单一市场)而言很重要。因此,欧委会寻求来自产业的支持,扩大利益集团和成员国的支持基础。总的来说,数量规制是通过

---

① 梅凤乔:《碳交易制度建设的英国范本》,2015年11月3日,http://news.cnpc.com.cn/system/2015/11/03/001565423.shtml。

② Jonas Meckling and Steffen Jenner, "Varieties of Market-based Policy: Instrument Choice in Climate Policy", *Environmental Politics*, Vol. 25, No. 5, 2016, pp. 853 - 874.

欧委会和大部分英国能源公司的政府—商业联盟引入欧盟的。

欧盟碳排放交易体系是欧盟气候政策的核心部分,以限额交易为基础,提供了一种以低经济成本实现减排的方式。由于欧洲经济衰退和配额供应过量,欧盟排放交易体系后来呈现饱和状态,欧盟碳排放配额(European Union Allowance,EUA)价格持续在低位徘徊,清洁发展机制项目产生的核证减排量(Certified Emission Reduction,CERs)价格更是不断下挫。总体而言,作为欧盟气候政策支柱的碳交易市场仍然被广泛地认为是具有高流动性、运转良好的市场。鉴于全球碳交易市场的巨大商机,全球碳交易市场的分割状态正在加剧,使得欧盟的危机感加强。为巩固欧盟减排机制在全球碳交易市场的领导地位,同时也考虑到条块分割的市场交易将增加不必要的交易成本,欧盟利用欧盟减排机制较容易与未来国际排放交易接轨的优势,将建立与其他国家市场机制的联系作为重要一步,确保在全球市场框架内的规则制定权。为了保证欧盟各成员国的碳排放量达到 2030 年的减排目标,欧盟提出了碳排放交易体系改革方案和短期政策草案,主要内容如下:(1) 制定具有约束力的 2021—2030 年排放目标,并出台新的努力分担决议(Effort Sharing Decision,ESD),提出灵活的应对机制,以保障排放目标的成功实现。(2) 将土地利用、土地利用变化和林业(Land Use,Land Use Change and Forestry,LULUCF)纳入欧盟 2030 年气候和能源框架中。(3) 制定运输业减排战略,通过提高能效和开发可再生能源,实现运输业减排。①

三、政策差异及表现

(一) 政策趋同及差异

在气候政策选择上,美国更注重市场力量,欧盟致力于创造新的规制型市

---

① 《EEA 为保障欧盟实现 2030 气候与能源目标提出改革方案》,2016 年 12 月 30 日,http://www.globalchange.ac.cn/view.jsp?id=52cdc0665874e38d01594fc52104010c。

场。21 世纪初,由于国际示范效应和政策学习,欧洲和美国开始综合使用价格管制和数量管制两种政策,欧洲的上网电价补贴和碳税以及美国的可再生能源组合标准和碳排放交易机制在大西洋两岸广泛使用,并推广到全球各地。总体来说,美国政策的范围比起欧洲更有局限性。这很大程度上体现在气候政策制定的核心层次——美国是在州一级水平上,而欧盟是在超国家的层面上。

欧盟的混合型政策,如欧盟排放交易机制,所影响的范围大于美国政策的影响范围。这反映出两者在强制性气候政策发展上的程度差异。实际上,政策形式上的趋同并不等同于环境政策严格程度的趋同。[①] 2017 年 6 月 6 日,视线学会(Sightline Institute)[②]研究人员发布题为《地图:未来是碳定价,美国正在落后》(*Map:The Future is Carbon-Priced and the US is Getting Left Behind*)的简报指出,尽管美国宣布退出《巴黎协定》,但其他国家正积极迈向清洁能源未来,碳定价是未来趋势。世界其他国家正在推进碳定价计划,并在清洁能源经济竞争中占领先机。各国和地区继续推进碳定价,美国却落后了。但是美国加利福尼亚开拓性的气候行动正在为美国行动奠定良好的基础。[③] 2016 年 7 月 20 日,欧洲委员会提出题为《共同努力规则》(*Effort Sharing Regulation*)的立法提案,为 2021—2030 年各成员国确定了具有约束力的温室气体排放目标,这些目标涵盖了欧盟排放贸易体系覆盖范围以外的所有经济部门,包括交通、建筑、农业、废物管理等,占 2014 年欧盟排放总量的 60%。根据各成员国人均国内生产总值的大小,不同成员国之间的年度温室气体减排目标在 0%~40% 之间变化。为了以一种具有成本效益的方式实现国家目

① Jonas Meckling and Steffen Jenner, "Varieties of Market-based Policy:Instrument Choice in Climate Policy", *Environmental Politics*, Vol. 25, No. 5, 2016, pp. 853-874.
② 由 Alan Durning 于 1993 年创立的独立、非营利的研究与交流中心,旨在使太平洋西北地区成为全球可持续性的典范——强大的社区、绿色的经济和健康的环境。
③ 全球变化研究信息中心:《碳定价:未来气候行动的大势所趋》,2017 年 6 月 30 日,http://www.globalchange.ac.cn/view.jsp? id=52cdc0665c0ed303015cf6cc3bce023c。

标，欧洲委员会建议采取一种灵活性机制，从而允许各成员国抵消不被 ETS 覆盖的经济部门的温室气体排放。这种所谓的"灵活性机制"包括一次性给不被 ETS 覆盖的经济部门分配一定数量的 ETS 配额和获得由土地利用部门产生的排放信用。[①] 欧盟强调碳排放交易体系的市场化运作和全球推广，力争在全球气候规制上占得更大的先机和主动权。

　　总体来看，碳税和碳交易等多样化市场政策在自由市场经济国家中成效有限。原因在于，美国（此外还有加拿大、新西兰等）作为自由市场经济的原型，新自由主义改革的力度越大，民众的经济担忧就越强，这种担忧很容易转化为反碳税政治思潮。此外，国家与能源公司利益的联姻也是当代新自由主义的一个主要表现，公司利益主导了气候政策。[②] 这些国家在过去 30 年中，经历着不同程度的去工业化和经济重构，导致中产阶级的就业岗位被削减。在公司离开本国到发展中世界寻求更为低廉的成本，以新技术代替人工时，曾经提供薪资优良、加入工会的职位的产业迅速减少，并被低薪的、不受工会管理的、不受保障的服务业岗位所取代。除制造业之外，这一时期大型零售商的大幅扩张对传统零售商和供应链造成巨大破坏。更糟糕的是，在成千上万的工人失去了雇主给予的福利的同时，施加于联邦政府、州政府和地方政府的财政限制意味着先前充足的社会保障网络也被削减。[③] 这一状况在一系列比较资本主义研究中都有涉及。丹麦学者哥斯塔·埃斯平-安德森(Gøsta Esping-Andersen)在《福利资本主义的三个世界》中指出，相对于法团主义和社会民主福利国家，美国、加拿大与澳大利亚等自由主义福利国家的去商品化程度最

---

　　① 全球变化研究信息中心：《欧盟提出 2021—2030 年的国家减排目标和灵活机制》，2016 年 8 月 17 日，http://www.globalchange.ac.cn/view.jsp? id=52cdc0665432fc8c015697cca13503a5。

　　② Robert MacNeil, "Death and Environmental Taxes: Why Market Environmentalism Fails in Liberal Market Economies", *Global Environmental Politics*, Vol. 16, No. 1, 2016, pp. 21 – 37.

　　③ Ibid.

低,为市场提供的保护是最弱的。① 霍尔和索斯凯斯在《资本主义多样性》中深入剖析了这一差异。这些经济体的主要制度特点包括劳动合同培训与教育体系、工会率、收入分配、市场管理等,都越来越多地反映出一种将工人和其生存条件全部商品化的资本主义形式。②

(二) 具体表现

工业化国家内部的分歧非常明显,美国倾向于灵活而谨慎的政策,德国(与一些欧洲大陆国家合作)支持对工业化国家采用严格的减排目标。在 20 世纪 90 年代的初期和末期,德国曾推出积极的减排目标,而美国一直坚持灵活而有效率的方法。

第一,产业利益。奥巴马政府将气候变化视为一种严重威胁,曾试图赢得气候变化怀疑论者的支持,但这种努力是十分艰难的,保守主义力量一直挑战着他的环保进程。那些拥有大量煤矿、原油、制造业以及农业的州政治家们不顾其党籍,仍然倾向于反对气候立法,因为他们担心这将威胁到地方经济与就业,他们甚至努力削弱联邦政府实行气候变化相关计划的能力。③ 特朗普政府优先考虑的是传统能源行业、经济竞争力与就业机会,2017 年 3 月 28 日,特朗普政府签署《关于促进美国能源独立与经济增长的行政命令》,旨在撤销奥巴马政府时期的气候变化政策,推动煤炭行业和油气开采业就业。美国国会打算将太阳能投资抵减税额相关规定,从能源法案中去除,这种降低或去除太阳能补贴的做法并非首例,逐步取消补贴正在威胁太阳能行业未来的投资。

德国拥有强大的能源密集型制造业、公众意见的制度化表达机制、发达的

---

① 〔丹麦〕哥斯塔·埃斯平-安德森:《福利资本主义的三个世界》,苗正民、滕玉英译,商务印书馆 2010 年版。

② Peter A. Hall and David Soskice, *Varieties of Capitalism : The Institutional Foundations of Comparative Advantage*, Oxford: Oxford University Press, 2001.

③ Miranda A. Schreurs, "Breaking the Impasse in the International Climate Negociations: The Potential of Green Technologies", *Energy Policy*, Vol. 48, No. 5, 2012, pp. 5-12.

清洁技术产业以及强大的制度能力。德国的总产值中,能源密集型产业和矿业的产值占比很大,在 2000—2005 年间占国家生产总值的 22.3%。同时,德国的清洁科技产业十分具有活力。根据调查,德国的人均清洁技术专利数量高于任何一个国家,德国的气候政策受到了公众的支持。德国的制度能力也很强。联邦经济和科技部(Federal Ministry of Economics and Technology)总体负责能源政策。在 2000 年,德国建立了德国能源署(German Energy Agency),以此推进可再生能源发展,组织的使命还包括减缓气候变化。①

第二,制度能力。美国能源部的使命是促进创新以妥善处理美国的能源安全、环境与核能的挑战,但是,其使命并未与气候变化有直接联系,并且得到的预算也较少。2007 年,美国环境保护署(Environmental Protection Agency)获得了二氧化碳排放的管辖权。美国较弱的制度能力对于监管政策的实施造成障碍,导致了市场的主导性。美国公众对于能源相关政策的需求相对较小,并且由于缺乏绿党,公众意见的制度化程度也很弱。强大的矿业和 2000—2005 年间较弱的清洁能源产业也阻碍了任何重要的环境政策和产业政策实施。② 美国强大的矿业部门、较弱的清洁技术产业以及低制度化的公众意见意味着,美国不会实施高成本的环境政策。取而代之的是,美国最多会实施一些产业政策,但作用有限。

此外,美国的决策过程中存在多重议程设定者。因此,立法者之间游说竞争充斥于法案的倡议阶段。在气候政策法案的案例中,议程设定者紧密关注和回应选民的利益,并制定相应的气候法案,结果在后续的利益分配博弈阶段,许多条款将会被引入法案当中。最终变得越发复杂的气候法案并未增加共同利益,因为立法者们的偏好与立场都非常强硬,特别是在涉及电力产业和

---

① Llewelyn Hughes, Johannes Urpelainen, "Interests, Institution, and Climate Policy—Explaining the Choice of Policy Instruments for the Energy Sector", *Environmental Science & Policy*, Vol. 54, 2015, pp. 52 - 63.

② Ibid.

电价的问题上。参议员之间的磋商是竞争性的,法案的反对者对于立法规则和程序的技巧性运用使得建立一个能够获胜的政治联盟几乎不可能。美国国会成员都是潜在的议程设定者,他们首先照顾相应的选民团体的利益。数量繁多的议程设定者导致了有关问题框架形成和议程设定的激烈竞争,其背后是不同的利益相关方的对立。在欧盟,尽管不同的行为体都能影响到议程的设定,但只有一个正式的、无党派的、与任何一个特定的利益相关方都不存在紧密联系的议程设定者,才能够提出在统一讨论基础上的立法问题。欧盟机构之间的权力分割并没有美国那么明显。欧盟更关注共识的建立,而美国的政策制定是竞争性的。相比之下,这些特征让欧盟能够迅速地对新机遇做出反应,设计新的、建立在工作共享机制基础上的气候和能源政策组合。①

　　第三,公众认知。德国文化的显著特征包括对目标的关注、整体方法和技术导向(如何改变),而不是科学(如何解释),认为政策应该尽快落实。德国强调全球合作的必要性,以工业化国家应对气候变化为主要原则,重点开展北北合作。在英国,气候变化更被认为是一个边缘问题,不值得去关注。以个人判断和自由价值观为基础的个人主义倾向导致了对环境污染的无奈感。此外,英国的科学分析强调不确定性,这种不确定性导致"观望",而不是采取预防措施。气候变化政策的成本和产业竞争力成为气候变化政策制定中的主要问题。英国在国际上主要以"让其他国家尽可能做"的方式来讨论国际问题。英国气候政策极为保守和谨慎,这些政策往往依托于能源部门自由化、财政措施、欧洲农业政策等政策影响。美国文化的特点是"极端分析的"(extremely analytical)、"强烈个人主义的"和"内向的"。这些特征被认为是美国文化的强烈偏见的基础,它把重点放在"事实和数据",把"自我利益"视为一个基本的

---

①　Jon Birger Skjærseth, Guri Bang, and Miranda A. Schreurs, "Explaining Growing Climate Policy Differences Between the European Union and the United States", *Global Environmental Politics*, Vol. 13, No. 4, 2013, pp. 61 - 80.

社会范畴。①

第二节　北欧的可再生能源发展

一、北欧政策

"北欧"这一概念很早就已颇具影响力,这一狭小的区域包括挪威、瑞典、芬兰、丹麦和冰岛,它们成功实现了民主政治、个体自由和全面的社会保障体系,并在全球化程度越来越高的时代下将开放型经济与全面的福利国家相结合。丹麦学者哥斯塔·艾斯平-安德森(Gøsta Esping-Andersen)在关于福利资本主义三个世界的划分中指出,社会民主主义福利国家模式以北欧各国为代表,"北欧福利模式"(Nordic Welfare Model)把所有公民全部纳入福利体系,资金主要来自政府高税收和雇主缴费,该模式的福利原则基于普遍救济主义和公民资格。二战后,北欧福利模式以其独有的特点开始逐步引起人们的注意。正如安德森和沃特·科尔比(Walter Korpi)指出的,现代福利国家的基础是在战后奠定的。之前斯堪的纳维亚福利制度很难从国际潮流中区别出来,而在这一新的时期,一种独特的斯堪的纳维亚模式开始脱颖而出。北欧福利模式包括全面的政府福利供应、福利性就业的规模、相对于从业人员总数的公共就业、再分配、主要由财政收入资助、鼓励女性参与劳动力市场的家庭政策、积极的劳动力市场政策、国家/公共提供福利的高度合法性以及基于公民身份的普遍社会权利。② 北欧内部具有高度的一致性,有一套综合性的社会政策,公共干预的范围广阔,覆盖了比其他国家更为广泛的社会需求。另外,这些国家的公民拥有一种享受服务的基本权利。福利国家服务于全体人口,

---

① Jan J. Boersema, Lucas Reijnders, *Principles of Environmental Sciences*, Springer, Dordrecht, 2009, pp. 459 – 471.

② 斯坦恩·库恩勒、陈寅章主编《北欧福利国家》,复旦大学出版社 2010 年版,第 392—393 页。

而不是将其资源分配到分散的团体中去。①

　　北欧国家所处地区气候严寒，无论是生活还是工业都需要大量的能源，而且由于地理位置，太阳能无法为北欧国家提供足够的能源，即使如此，北欧各国依然很少依赖石油和含碳能源，北欧各国温室气体排放量也维持在较低的水平。然而，在减少对含碳能源的依赖的同时，北欧各国依然可以维持一种高质量的生活水平，经济发展也不曾受到能源的限制而有所减缓，北欧国家实行的可再生能源扩散政策有效兼顾了生态环境保护、居民生活水准以及工业经济发展，以上要素构成了北欧模式的突出特点。北欧地区是可再生能源技术研发和扩散的主导力量，如芬兰和瑞典的生物能源技术、挪威的水力资源利用技术、丹麦的风能利用技术以及冰岛的地热利用技术。2017 年 6 月 20 日，欧盟委员会发布《2017 年欧洲创新指数记分牌》，计算 10 个创新维度的 27 项指标，对欧盟国家及欧盟外部分国家（地区）的创新绩效进行比较分析，评估各国创新体系的相对优势和弱点，从而帮助各国确定其需要加强的领域。《2017年欧洲创新指数记分牌》显示，由于人力资源、创新环境等条件改善，欧盟的创新绩效不断增强，瑞典仍然是欧盟创新的领跑者，其次是丹麦、芬兰、荷兰、英国和德国。② 可再生能源的发展依托于技术创新，表 2 显示北欧的可再生能源电力占比较高。

表 2　可再生能源电力占发电总量百分比

	2006	2007	2008	2009	2010	2011	2012	2013	2014	2015
美国	9.24	8.37	9.00	10.29	10.12	12.23	12.01	12.64	12.95	13.07
英国	4.60	5.01	5.67	6.76	6.85	9.64	11.58	15.13	19.44	24.86
爱尔兰	9.13	10.03	12.00	14.69	13.08	19.75	19.17	21.79	24.52	27.65

---

　　①　Robert Erikson, eds. , *The Scandinavian Model*：*Welfare States and Welfare Research*，London：Routledge，1987，pp. 47，42.

　　②　科技部：《欧盟委员会发布〈2017 年欧洲创新指数记分牌〉》，2017 年 7 月 4 日，http://www.most. gov. cn/gnwkjdt/201707/t20170704_133893. htm。

（续表）

	2006	2007	2008	2009	2010	2011	2012	2013	2014	2015
奥地利	66.00	69.22	69.26	71.14	66.21	65.63	74.53	78.02	81.13	76.44
丹麦	20.17	26.21	27.57	27.66	31.98	40.25	48.33	45.98	55.87	60.76
芬兰	27.29	29.94	35.88	30.11	29.99	32.89	40.56	35.97	38.58	43.50
法国	10.95	11.69	12.98	13.13	13.86	11.57	14.81	17.05	16.41	15.88
德国	11.32	13.94	14.70	16.08	16.73	20.38	23.00	24.07	26.13	30.36
意大利	16.46	15.48	18.55	24.02	25.76	27.59	31.02	38.91	43.39	39.04
荷兰	8.15	7.21	8.86	9.53	9.39	10.81	12.11	11.98	11.32	12.37
挪威	99.32	99.13	99.40	96.57	95.73	96.49	97.95	97.71	97.69	97.72
瑞典	49.60	52.03	54.31	58.42	55.30	55.94	59.07	54.03	55.84	62.43
瑞士	51.73	54.91	55.68	55.54	56.73	54.09	59.47	59.19	58.02	62.36
OECD	15.53	15.36	16.30	17.37	17.69	19.04	20.01	21.26	22.09	22.96

资料来源：green growth, OECD. Stat.

可再生能源的开发、创新和应用扩散政策形成了北欧模式的主要内容。可再生能源扩散的目的包含实现能源安全和能源多样性、提高能源效率和经济效率（包括技术效率和配置效率）以及减少二氧化碳排放量等。北欧国家制定可再生能源发展政策具有以下导向：[1]第一，能源自给自足。北欧发展可再生能源的首要目标是减少国内化石燃料的消耗，同时增加对本土资源的依赖，通过丰富可使用能源的多样性，能源进口国可以降低能源安全的风险，例如，即使北欧最贫穷的国家冰岛，曾经完全依靠进口煤来维持高水平生活，如今也实现了85%的能源来自本土可再生资源；第二，贸易平衡。可再生能源的发展可以带来新的工作岗位和促进社会福利发展，从而有助于区域经济和技术发展，具体来说，可再生能源工业的兴起创造了工作岗位、贸易和投资；第三，

---

[1]　Alireza Aslani, "Strategic Analysis of Diffusion of Renewable Energy in the Nordic Countries", *Renewable and Sustainable Energy Reviews*, Vol. 22, 2013, pp. 497–505.

环境与可持续发展。含碳燃料消费的降低减少了污染和温室气体排放对环境的影响,从而实现对生态环境的保护。北欧模式下可再生能源政策的特征包括共同决策、发挥跨部门委员会的作用以及运用地区政府、大学和公司的权威作用等。北欧可再生能源扩散政策在实施之前受到了社区组织和居民的支持,公众、学术界、利益团体和商业部门都充分参与了决策过程。在各部门间进行协调,最终达成可再生能源政策并付诸实施。

在推进可再生能源利用方面,北欧各国的主要政策包括能源融资、能源税、开放能源市场、绿色认证、研究和创新、国际合作、上网电价补贴等。其中,能源税是北欧国家能源和环境政策的核心手段。北欧国家的能源税体系十分细化,对于电力燃料、二氧化碳排放都有不同的税率,对氮化物和硫化物的排放也有单独征税系统。税率根据燃料用途(供热、交通、制造业、能源工业等)的不同而确定。北欧的能源税方案可以被归为两类:(1)税收优惠和补贴。芬兰最主要的政策工具是 2011 年引入的上网电价补贴,补贴对象包括风电厂、沼气发电厂以及生物质发电厂。此外,还有投资补贴、研发补贴和退税等。丹麦的补贴通过明确建筑和生产过程中的节能措施来进行,具体是向高效能公司发行节能证书。(2)征收化石燃料税。北欧对化石燃料强制征税,这种征税提高了生物能源和其他资源的价格优势。[1] 北欧国家最先实施碳税,并于 1992 年由欧盟推广。北欧碳税税率的特征有:各国税率相差很大,其中挪威、瑞典的税率相对较高;混合征收方式,即税率设计除了考虑燃料碳含量,还考虑不同燃料的比价,不同行业的燃料成本比重等因素;实行差异税率。对家庭、出口及工业所用燃料实行差别税率政策,其目的是环境与工业竞争力并重;税率不断提高。欧盟建立了统一的碳税指引,各成员国据此不断提高税

---

① Alireza Aslani, "Strategic Analysis of Diffusion of Renewable Energy in the Nordic Countries", *Renewable and Sustainable Energy Reviews*, Vol. 22, 2013, pp. 497 - 505.

率。① 因此,北欧国家环境税占 GDP 的比重也相对较高(表3)。

表 3　环境税占 GDP 百分比

	2001	2002	2003	2014	2015	2006	2007	2008	2009	2010	2011	2012	2013	2014
美国	0.93	0.91	0.89	0.87	0.86	0.84	0.82	0.79	0.79	0.79	0.79	0.78	0.76	0.72
英国	2.55	2.52	2.47	2.43	2.30	2.20	2.26	2.25	2.39	2.46	2.41	2.38	2.36	2.32
爱尔兰	2.25	2.25	2.23	2.44	2.43	2.41	2.42	2.21	2.20	2.34	2.24	2.16	2.21	2.17
芬兰	2.92	3.02	3.13	3.17	3.00	2.94	2.69	2.62	2.56	2.70	3.04	3.00	2.96	2.88
德国	2.46	2.45	2.59	2.48	2.41	2.34	2.17	2.14	2.26	2.13	2.17	2.11	2.04	1.94
意大利	3.05	2.93	2.92	1.38	2.68	2.74	2.60	2.56	2.79	3.18	3.41	3.80	3.68	3.85
法国	2.04	2.14	2.06	2.09	2.01	1.96	1.87	1.85	1.88	1.84	1.89	1.90	1.96	1.97
瑞士	1.95	1.96	1.96	1.92	1.96	1.86	1.79	1.82	1.81	1.87	1.83	1.81	1.78	1.76
挪威	2.87	2.93	2.88	2.91	2.75	2.66	2.68	2.35	2.35	2.41	2.28	2.17	2.15	2.12
瑞典	2.69	2.75	2.74	2.68	2.71	2.60	2.51	2.56	2.68	2.59	2.41	2.40	2.36	2.21
丹麦	4.92	5.12	4.92	5.13	5.09	4.84	4.88	4.35	4.13	4.18	4.21	4.10	4.24	4.11
荷兰	3.44	3.31	3.38	3.50	3.60	3.66	3.45	3.49	3.53	3.58	3.48	3.33	3.41	3.35
比利时	2.51	2.45	2.48	2.56	2.57	2.31	2.25	2.17	2.23	2.24	2.29	2.18	2.04	2.03
奥地利	3.17	3.22	3.32	3.26	3.15	2.98	2.90	2.86	2.87	2.83	2.92	2.88	2.84	2.88

资料来源:Environmentally related taxed,%GDP, green growth indicators: economic opportunities and policy responses, OECD. Stat.

二、瑞典能源改革

瑞典是世界经济论坛竞争力排行前十名的国家,很多大型跨国企业都源自瑞典,例如沃尔沃、阿法拉伐、宜家等。瑞典还是高科技创业的天堂,这得益于有利的商业政策与完善的社会福利网络,使得企业家个人风险较小,即使财务失败也不会使个人的基本健康和家庭福祉处于危险之中。同时,瑞典还实行低企业所得税,完全消除了遗产税,传统的邮局业务都由私人企业提供,公共交通也转包给更有竞争力的私企,甚至在提供医疗保险和教育中也包含了

① 周建、何建坤:《北欧国家碳税政策的研究及启示》,《环境保护》2008 年第 22 期,第 70—73 页。

私企。另外,瑞典的财政赤字也维持在较低水平。瑞典还进行了国家养老系统的改革,将养老保险建立在稳健的金融基础之上。自二氧化碳税设立以来,瑞典一直致力于确保这一税种的均衡设计,尤其是采取了税率分段上涨的方式,或者同时对收入税进行调整,防止碳税给低收入家庭带来影响。[①] 气候和能源领域的其他政策也同时实行,如绿色证书、可再生能源补贴及相关法规等。

(一) 瑞典脱碳政策

1970 年以前,瑞典碳排放量一直处于增长状态,20 世纪 70 年代初,排放达到高峰。而进入 21 世纪后,瑞典的排放量一直在下降。目前,瑞典人均排放量为每年约 1.25 吨,与全球平均水平大致相当,远远低于美国的人均 4.5 吨。这得益于以下政策:第一,征收碳税。1991 年,瑞典成为世界上第一个征收碳税的国家,当时的税率是每吨碳征收大约 110 美元的税费。瑞典碳税的征收范围包括所有种类的燃料油,但电力部门、船舶、飞机和火车机车等所用燃料免征碳税。考虑到企业的竞争力,工业企业只需要按 50% 的比例缴税,某些高能耗产业,如电力等,则给予税收豁免。1993 年,为提高国际竞争力,瑞典对一些能源密集型产业给予了更大程度的税收减免。据测算,进行各项优惠后,对工业企业来说,其二氧化碳的税收总负担被限制在产值的 1.7% 以内,随后调整为 1.2% 以内。2002 年,工业部门税收减免由 50% 上调至 70%,基本抵消了税率上调增加的税收负担。[②] 第二,供暖技术创新和公共交通技术创新。瑞典通过集中供热技术实现了人口高密度地区的供暖需求,集中供热所需的能量来自多种能源,现在 70% 使用的是生物能源,其他的来自不可

---

① 雷米·热内维等主编《减少不平等:可持续发展的挑战》,潘革平译,社会科学文献出版社 2014 年版,第 148 页。

② Raymond Pierrehumbert, "How to Decarbonize? Look to Sweden", *Bulletin of the Atomic Scientists*, Vol. 72, No. 2, 2016, pp. 105 - 111.

循环垃圾的焚烧、废热的再利用。在集中供热不能覆盖的地区,则大量使用可再生电力供能的高功率的热泵来传输热量。公共交通是瑞典脱碳取得成功的另一重要领域。瑞典的交通主要使用可再生电力能源,并建设了完备的、可再生电力能源基础上的高速铁路网。瑞典公交车使用的是各种生物燃料和插电式混合动力。瑞典宣布 2030 年后,将禁止销售汽油或柴油发动机汽车。第三,核能的合理利用。核能提供了低碳电力,瑞典的核电厂生产了 40％的可供使用或出口的电量。尽管核能不受瑞典绿党的欢迎,但短期内无法寻找到核能的替代品。核能也许最终会被风能和水能所替代,但是水力发电站的建立会破坏多样的水域生态系统,从而带来环境灾难,相比较而言,核能目前是更好的选择。[①] 核电这一话题始终是瑞典各政党间的一个分歧点。2019 年,瑞典国有电力公司 Vattenfall 正在考虑延长核反应堆使用时间,能源公司 Uniper 甚至在计划建造一座新的核反应堆。目前,Uniper 与 Vattenfall 共同在瑞典运营林哈尔斯反应堆(Ringhals Reactors)。上述决定与三年前瑞典政党签署的能源协议目标不同。Vattenfall 生产经理托比约恩·沃尔堡(Torbjorn Wahlborg)表示,虽然公司目标是在 2040 年之前向完全可再生能源转型,但不排除延长运营时间的可能性。[②]

(二) 市场局限和政府支持

市场经济的本质是追逐利益最大化,仅仅依靠市场的力量或自我约束难以实现降低碳排放的目的:[③]一方面,传统能源价格相对较低廉,而清洁能源的开发、利用和储存技术尚不成熟,会使企业的生产成本增加。清洁能源的开

---

①　Raymond Pierrehumbert, "How to Decarbonize? Look to Sweden", *Bulletin of the Atomic Scientists*, Vol. 72, No. 2, 2016, pp. 105 - 111.

②　驻瑞典经商参处编译《瑞典或将核能使用延长至 2040 年以后》,2019 年 11 月 29 日。

③　Lennart J. Lundqvist, Sjur Kasa, "Between National Soft Regulations and Strong Economic Incentives: Local Climate and Energy Strategies in Sweden", *Journal of Environmental Planning and Management*, Vol. 60, Issue 6, 2017, pp. 1092 - 1111.

发和应用技术属于高难度新型能源技术,如果没有瑞典政府充足的财政支持,愿意耗费巨大成本研究和应用新能源技术的企业势必寥寥无几。另一方面,不仅开发新能源新技术本身需要大量的经济支持,瑞典建筑供暖系统的改装或重建也都是一笔不小的预算,因此,政府出台的扶持政策无疑是加快瑞典脱碳进程的催化剂。可以说,政府的配套政策在一定程度上代私人部门或企业承担了清洁能源技术开发的高成本和高风险。除此之外,私人部门的社会责任意识薄弱,实现利润最大化始终优先于其履行社会义务,只有政府介入才能强制企业承担其应尽的保护生态环境的责任。

在瑞典案例中,政府作为"最后的风险承担人",一定程度上转移了企业的风险;政府率先投资,为中小企业发展清洁能源技术创新提供资金支持,消除企业疑虑,提升企业对技术革新的信心;政府通过经济奖励、优惠政策等方式来发挥鼓励作用,扶持私人部门进行长期持续的技术探索;通过政策引导拓宽新能源市场,提高消费者对清洁能源的需求,从而刺激清洁能源消费;制定和监督减排计划,瑞典政府采用从目标出发制定减排计划的方式,立足于减排目标对瑞典脱碳进程监督,强计划性和严格的监督是瑞典脱碳成功的关键因素;政府对私人部门强制嵌入社会责任意识,增加企业对生态、社会和公民的责任感,积极推进能源技术革命,早日实现温室气体零排放的目标。[①] 总而言之,瑞典的经验表明,要实现脱碳发展,首先要制定严谨可行的减排计划,其次,既不能放任市场自由调节,也不能由政府大包大揽,市场和政府互相配合、相辅相成才能达成最佳效果。

早在2004年,瑞典政府就宣布推行气候政策框架。2014年12月18日,政府向环境目标跨党派委员会(Cross-Party Committee on Environmental Objectives)提出了瑞典的气候政策框架和气候战略,环境目标跨党派委员会

---

① Raymond Pierrehumbert, "How to Decarbonize? Look to Sweden", *Bulletin of the Atomic Scientists*, Vol. 72, No. 2, 2016, pp. 105 – 111.

形成了一份多个党派之间的协议，提出关于加强瑞典气候政策的建议。2017年3月14日，政府根据环境目标跨党派委员会的建议，提出了一项关于气候政策框架的法案。2017年6月15日，瑞典国会通过了《气候法》和新的气候目标。新目标要求：(1)到2045年，瑞典的大气温室气体净排放将为零，并在此之后实现负排放。负排放意味着人为活动产生的温室气体排放量低于自然界对二氧化碳的吸收量，或者低于瑞典通过投资各种气候项目帮助减少的海外排放量。瑞典境内剩余活动的排放量将比1990年至少降低85%。(2)瑞典各行业的排放量将按照欧盟相关责任分工的规定，到2030年比1990年至少降低63%，到2040年至少降低75%。行业主要覆盖运输、机械、小型工业和能源工厂、住宅和农业。(3)部分目标可以通过2030年和2040年的补充措施来实现，例如增加森林二氧化碳的吸收量或投资国外的各种气候项目。(4)国内运输行业的排放量(不包括国内航空)到2030年将比2010年至少减少70%。减排目标中不包括国内航空的原因在于欧盟排放交易体系中不包括此项。[①]

第三节　英德能源政策差异

英国能源政策从1990年代的自由市场逐步转向21世纪的干预主义。英国政府和媒体极力塑造英国在气候及能源领域的先行者和领导者形象，但国内政策实施却明显滞后。问题明显存在于电力行业，天然气、核能、碳捕捉和储存等领域的政策前景也不明晰，英国一直在自由市场和国家干预之间左右

---

① 全球变化研究信息中心:《瑞典通过气候政策框架以实现2045年碳中和目标》,2017年8月1日,http://www.globalchange.ac.cn/view.jsp? id=52cdc0665c0ed303015d9b6793d50293。

摇摆,无法有效协调经济发展、能源效率与环保三大目标。[①] 与之相反,德国虽是煤炭生产和消费大国,但致力于推动国际气候政策和减排目标。与 20 世纪 90 年代相比,德国的能源消费结构已经发生了巨大的转变,德国对可再生能源的开发利用走到了世界的前列。德国不仅在本国推行能源转型计划,还面向欧洲与世界,发挥负责任的领导角色。抛开自然资源潜力,一国的能源政策离不开特定的政治经济体系,这一制度背景正是资本主义多样性的体现,也导致了不同的政策表现。

一、英国能源改革的去政治化

在 20 世纪末,英国的能源政策侧重于建立和维护自由贸易的竞争性市场,而自 2008 年《气候变化法》(Climate Change Act)颁布以来,情况已经发生了重大变化。政府需要决定到底采取哪种手段——如果是自由市场导向,应该充分考虑电力市场结构,在需求侧采取相应的措施,提供市场友好型政策工具;如果是政府干预导向,需要为核能、碳捕获与封存技术、天然气等资源提供明确的发展方向,与可再生能源形成整体协调机制。英国能源政策的困境在于自由主义的体制惯性约束了政策手段的范围,国家在可再生能源转型过程中参与不足,能源改革的去政治化导致了治理赤字。

(一) 发展历程

英国是能源自由化进程的先锋。1989 年,英国颁布了电力工业白皮书,提出电力工业私有化和自由竞争的市场经济政策。1997 年,正式颁布电力法,解散中央发电局(Central Electricity Generating Board,CEGB),拍卖电厂和地区供电局的股份,并将国家控制的电网也以私有资本代替,形成了电力

---

① Caroline Kuzemko, "Energy Depoliticisation in the UK: Destroying Political Capacity", *The British Journal of Politics and International Relations*, Vol. 18, Issue 1, 2016, pp. 107 - 124.

工业私有化的格局。1989年以来，电力市场改革成效显著，参与市场竞争的发电公司不断增多，市场电价持续降低，终端用户得到了益处。自1980年代早期到1990年代，能源市场运转良好，英国几乎没有任何能源政策。

　　21世纪初，能源价格上涨，英国从能源出口国变为进口国，加上严格的减排目标，能源安全问题突显，英国能源政策开始转向国家干预，规划核电站建设。① 自此，英国政府原本可以有效介入市场，进行可再生能源发展部署，然而，这些可再生能源项目依旧从属于新自由主义框架。2006年，英国政府发布题为"能源挑战"的报告，指出实际减排量与目标之间存在差距，政策效果被市场作用抵消了。英国能源政策受意识形态禁锢，摇摆于市场与干预之间。一方面，长期致力于自由化；另一方面，2009年，英国批准《气候变化法案》，成为世界上首个将温室气体减排目标写进法律的国家。按照该法律，英国政府必须致力于削减二氧化碳以及其他温室气体的排放，到2050年达到减排80%的目标，实现这一目标要求英国到2030年期间的供电不使用任何煤炭。新能源转型有独特的经济、技术和运作特点，有可能改变现有的电力系统，而当前的半计划半市场方案并无成效。2010年，保守党与自由民主党联合政府上台，着手在能源领域进行改革。联合政府中的自由民主党历来奉行积极的环境保护政策，在自由民主党的政策文件《零碳英国——引领全球》中，它试图通过引入碳税、扩大排放贸易机制、强化上网电价以及促进碳捕获与封存技术转化等来促进低碳能源的全面发展。② 2015年上台的保守党政府与之前联合政府的能源政策一脉相承，关注点在于电力市场的改革。2016年英国脱欧公投之后，新政府没有出台明确的能源政策，但宣布解散能源与气候变化部，规划新的能源发展方向。

　　英国政府希望促进能源升级，但缺乏制度支持。煤炭生产和消费量逐步

① Malcolm Keay, "UK Energy Policy-Stuck in Ideological Limbo", *Energy Policy*, Vol. 94, 2016, pp. 247-252.
② 胡孝红:《各国能源法新发展》，厦门大学出版社2012年版，第72页。

降低,英国政府确立了淘汰时间,前提是建立新的燃气电站。低碳发展需要逐步降低燃气的使用。作为一种过渡燃料,英国并无明晰的燃气政策,燃气电站市场投资动力不足,投资前景黯淡。就能源效率政策来看,政府采用了能源绩效认证、能源公司义务、智能营销、产品标准等举措,只是这些措施过于复杂,已被废弃。能源效率虽然是实现节能减排的最优途径,但政府政策始终聚焦于降低供应方成本,需求侧的解决方案没有得到同等重视。总之,英国存在严重的治理赤字,能源系统没有规划和明确方向。政府推动电力投资,但没有任何协调机制和总体优化安排。地方层面,谋求社区能源框架和分散式发电,却无法实现更大范围的整合。问题在于总体治理规划的空缺,政府只是框架设立者,而非规划者。[1] 英国政府应该在市场和干预之间做出选择,如果选择市场,政府应该着眼于电力市场结构、需求方面的连贯政策和市场友好型政策。如果选择干预,应针对核能、煤炭、石油、天然气和其他能源构建全面的协调机制。英国的风险在于可能会陷入计划和市场的最糟情况,既没有中央集权带来的协调,也没有市场带来的效率和创新,经济、环境和效率三个目标无一能够实现。[2]

(二) 英国能源改革的去政治化

去政治化(Depoliticisation)的理念最先运用于经济和金融领域的自由化、私有化、市场化,经合组织国家在过去三十年中将其运用于经济治理之中。"去政治化"作为政府的一种治理策略,治理责任从政府转移到私营企业,倾向于一种亲市场的治理理念。去政治化在具体实践中减少了决策的裁量性质,以更为"规范"的制度取代了政治家的管理。[3] 英国学者卡罗琳·库兹姆科

---

[1]　Malcolm Keay, "UK Energy Policy-Stuck in Ideological Limbo", *Energy Policy*, Vol. 94, 2016, pp. 247 - 252.

[2]　Ibid.

[3]　Caroline Kuzemko, "Energy Depoliticisation in the UK: Destroying Political Capacity", *The British Journal of Politics and International Relations*, Vol. 18, Issue 1, 2016, pp. 107 - 124.

(Caroline Kuzemko)认为,在能源领域,长期去政治化的理念破坏了英国政府的治理能力。去政治化主要体现在以下方面:[①]

第一,市场型去政治化。市场型去政治化就是通过市场提供能源物品与服务,赋予企业相应的权力,政府成为中立的旁观者与市场规则的支持者。英国的六大寡头能源公司(Big Six)提供了国内电力市场92%的供应和75%的国内天然气市场供应,它们都拥有自己的能源基础设施,如发电站和供电企业,新进者很难进入市场。它们掌握较多的市场信息与权力,且不愿意分享给政府部门,这就导致能源与气候变化部(Department of Energy and Climate Change,DECC)需要动用国家资金向天然气电力公司购买行业信息,这些公司可以利用自己在市场与政治上的地位左右相关能源气候立法。能源安全和减排目标的实现依靠对新技术的充足投资,政府机构依赖私人公司的新能源设施投资,但以利益最大化为目标的公司对此不感兴趣。市场型去政治化很难传递并实现政府的政策目标,最终导致国家与市场权力不对称。

第二,技术型去政治化。由于能源领域的技术性和复杂性,必须有一个由专家和相关团体发挥核心作用的行业监管机构。行业监管机构往往独立于政府,依据专业数据而不是民众讨论和民主审查,这些机构与市场中各大公司的利益联系比较紧密,反对政治对经济的干预。20世纪80年代以来的电力私有化改革以前,英国的电力产业组织结构是国有体制下的高度一体化垄断经营。1983年颁布的《能源法》取消了非国有企业进入电力行业的限制,允许各种所有制的独立电厂自由使用国家电网。随着电力与能源市场的私有化,需要一个天然气和电力行业的管制机构,天然气与电力市场办公室(Office of Gas and Electricity Markets,Ofgem)成立于1998年,负责监管和调节电力市场、保障和促进竞争、保护消费者合法权益、规制电力市场的运行、防止垄断、

遏制气候变化等。2008 年,时任英国首相的布朗宣布成立能源与气候变化部,负责具体制定、落实能源政策与气候变化政策。能源与气候变化部的设立主要是为了确保能源能以有效、高效的方式合理运行,缓解能源利用对气候变化造成的压力。同年,气候变化委员会(Committee on Climate Change, CCC)与能源与计划部成立,负责对减排目标、碳预算、可再生能源效率等问题向政府提供专业指导和建议,每年向议会提交年度报告,包含环境效应、低碳能源的成本效益分析、能源供应安全、燃料贫困等问题。[①] Ofgem、DECC、CCC 这样的机构都称自己独立于政府,能源大臣的职位早已不再专门设置,内阁也很少再讨论能源问题,议会中的能源辩论主要集中在如何有效地将能源私有化和自由化,能源问题在政府机构的政策领域几乎无处可寻,能源政策与政府机构的联系越来越脆弱。能源领域越来越被视为技术工作,需要专家进行严格的量化分析,而不是民选的代表来发表意见,能源政策与公共辩论和民主审查隔离开来。为协调私营与公共部门之间的分歧,2017 年,Ofgem 启动能源监管方式改革,以保护和促进客户利益,支持构建一个低碳能源系统,并向所有客户提供可持续的、弹性的及负担得起的服务。

第三,非协商型(Non-deliberative)去政治化。能源问题的决策在一个封闭的团体中进行,决策过程大大减少了公众参与。如气候变化委员向国务大臣、能源和气候变化部等机构提供关于减排的建议,建议方案获国务大臣同意之后,即可直接向公众发布相关信息。能源部门制定有关自由贸易、竞争性市场、保护消费者的决策,这更多涉及的是确保自由交易市场本身。消费者对能源部门、能源供应商缺乏信任。特别是能源价格上涨等民生问题引发民怨,对英国政府形成很大政治压力。随着时间推移,能源领域的决策很难解决实际问题,也无法回应新出现的危机,缺乏提供非市场解决方案的能力。

---

① The Climate Change Act 2008 (Chapter 27), p. 19, http://www.legislation.gov.uk/ukpga/2008/27/pdfs/ukpga_20080027_en.pdf.

　　纵观英国能源改革历程,虽然政府干预和私有化在不同阶段发挥了不同的历史作用,但市场力量在绝大部分时期起着主导作用。私有化改革激发了市场活力,提高了整个能源系统的运行效率,但也导致市场短期逐利、技术创新不足等问题。

(三) 治理能力不足

　　自撒切尔夫人实行私有化改革以来,英国电力市场逐渐成为世界上私有化和自由化程度最高的电力市场之一,英国政府将电力市场的稳定性和电价的竞争性作为最重要的政策目标。2011 年 7 月,英国能源与气候变化部发布了《规划我们的电力未来:安全、可负担、低碳能源白皮书》,开始酝酿以促进低碳电力发展为核心的新一轮电力市场化改革。此次电力改革不再像撒切尔政府那样以"促竞争、提效率"为目标,而是以保障供电安全、实现能源脱碳化以及电力用户负担成本最小为目标,主要内容包括针对低碳电源引入固定电价和差价合约相结合的机制、建立容量市场机制、确定碳价格支持机制和碳排放标准,另外,为配合其他改革措施使整体改革顺利进行,建立资产监管市场准入和利益冲突及应急处理制度,并且确定过渡期处理办法。[①] 2012 年 5 月,英国政府颁布《能源法案草案 2012》,目的是鼓励市场投资低碳发电设施,使生产者获得政府担保的产品价格,为能源改革可能带来的供应不稳等问题提供解决预案。在此草案的基础上,《能源法 2013》出台,其中差价合约和容量市场是两个重要组成部分。2013 年 12 月,英国能源与气候变化部正式发布了新一轮电力市场改革法案,以确保获得可保障、可负担、可持续的能源为目标,提出了到 2030 年的低碳路径展望。法案指出,英国政府将投巨资全力扶植低

---

① "Planning Our Electric Future: A White Paper for Secure, Affordable and Low-carbon Energy", Department of Energy & Climate Change, p. 15, July 2011, Published by The Stationery Office, https://www. gov. uk/government/publications/planning-our-electric-future-a-white-paper-for-secure-affordable-and-low-carbon-energy.

碳电力发展,其中核电、可再生能源和碳捕获和封存技术的普及将成为重点工作。

自 2010 年以来的英国能源政策话语中融入了不少政府干预的成分,但在具体操作中,政府干预往往要为市场调节让步,或者由政府采用一些对市场影响最小的政策手段。2016 年,英国解散能源和气候变化部。能源和气候变化部的解散引发了业界和政界的一些顾虑,工党的乔纳森·雷诺兹(Jonathan Reynolds)认为,解散该部门可能是一种信号,表明新政府对于这一问题的重视降低。地球之友的首席执行官克雷格·贝内特(Craig Bennett)表示:“这是一条令人震惊的消息。就职不到一天,似乎新的首相已经将应对气候变化的行动降级,而这是我们面临的最大威胁之一。”[①]尽管新政策和议会法案数量众多,英国能源治理机构无法成功地实现这些复杂的新能源政策目标。化石燃料依然占主导地位,英国仍然远远落后于其 2020 年的可再生能源目标,能源贫困日益加剧,天然气和电力价格迅速上涨,一些重要的新型基础设施、发电设备、技术投资并没有以所需的速度和规模发展。在新自由主义导向下,能源去政治化正在加强制度惯性,并且不断削弱承担管理、协调能源气候长远目标的国家治理能力,最终阻碍了可再生能源转型。

二、德国能源政策的发展

(一) 发展历程

德国拥有少量铁矿和石油,硬煤、褐煤、钾盐的储量较丰富。1986 年之前,核能和化石燃料是主要能源资源。1986 年,切尔诺贝利事件后,社会民主党质疑核能,肯定了煤炭在能源安全中的地位。1998 年,社会民主党和绿党

---

① "Decision to Dissolve Department of Energy & Climate Change Comes Under Fire", July 15, 2016, http://resource. co/article/decision-dissolve-department-energy-climate-change-comes-under-fire-11243.

联合执政,新政府强调能源政策的可持续发展,行动领域涉及:减缓气候变化、提高能源效率、继续使用国内煤炭和褐煤、确保能源市场的自由和竞争、创造欧洲范围内能源公司的公平竞争环境等。直到 2010 年,德国国内生产的能源一半主要来自煤炭和褐煤,其余来自核能、天然气和可再生能源。2010 年起,可再生能源比重增加,核能减少,煤炭和褐煤份额保持平稳。核能占比 14%,计划 2022 年淘汰。除国内能源生产,能源进口占整个能源供应的 60% 以上,其中前苏联地区是最大的能源供应者,约为 30%,荷兰为 17%,挪威为 16%。[①]

德国国内能源储备有限,不足以支撑德国工业的能源消耗,90% 以上的石油和天然气依靠进口,超过 60% 的煤也需要从国外进口。与此同时,世界上大部分的石油和天然气都储藏在欧洲之外的少数几个国家和地区,如俄罗斯、北非和中东,但这些地区往往地缘政治冲突不断,乌克兰危机更是让德国人意识到了政治冲突对能源供应所造成的巨大风险。煤炭发电虽然成本相对较低,但是环境污染严重,而且煤炭资源的利用是不可持续的,面临可开采储量日趋衰竭的风险;核能虽然干净清洁,但 2011 年日本福岛事故表明核能利用中存在潜在风险。这让德国政府排除能源利益集团的干扰,将发展可再生能源作为德国未来工业竞争力的基石。2011 年,德国政府宣布能源转型(energiewende)作为气候和能源政策的核心,决定到 2050 年,能源供应中化石燃料比例从 80% 降低到 20%。德国作为目前可再生能源发展最好的国家之一,其可再生能源发电占总发电量的比例在 2000—2012 年间从 6% 升至23%。德国还计划到 2020 年将这一比例提升至 35% 以上,到 2050 年增加至 80%。[②]

德国的重要经验是政府、民众就发展可再生能源达成共识,在发展可再生

---

① Ortwin Renn, Jonathan Paul Marshall, "Coal, Nuclear and Renewable Energy Policies in Germany: From the 1950s to the 'Energiewende'", *Energy Policy*, Vol. 99, 2016, pp. 224 - 232.

② Ibid.

能源方面有稳定的政策框架。而德国采取的上网电价补贴措施极大促进了可再生能源发展,效果优于由政府设定配额目标或者提供短期融资刺激。2015年,褐煤在电力生产中的份额首次下降,相对于2014年下降了0.3%。可再生能源比例为40.9%,首次超过占比39.4%的褐煤。虽然进步微小,但表明德国政府将会逐步限制褐煤生产和消费。2015年《巴黎协定》中,德国政府承诺2050年前,逐步停止化石燃料用于电力生产。煤炭仍是国内重要的能源资源,争论主要在于煤炭在未来能源组合中的地位。同时,面对可再生能源资源的波动,由于支持能力和存储设施欠缺,政府仍未出台有效应对方案。此外,能源市场的巨额补贴加重了财政负担。2016年,德国联邦政府通过《可再生能源法》改革方案,对可再生能源发电设施扩建及入网补贴政策予以调整,以期降低成本,鼓励竞争,防止可再生能源发电投资过热。更为重要的是,德国能源转型难以兼顾效率与公平。德国新能源基础设施和发电能力得以快速推进,离不开对新能源产业的巨额补贴,而这一成本被转嫁给了消费者,导致电价节节攀升。降低电价成为德国未来能源转型的主要目标。[①]

(二)德国能源转型的领导地位

德国在欧盟能源转型过程中具有领导地位。首先,在欧洲能源转型过程中,德国处于核心的位置,德国的经济体量、碳排放等指标都在欧盟内部占了很大一部分,德国能源转型的发展情况直接影响欧洲环境治理的前景。第二,在气候治理和能源转型过程中,德国做出了巨大的努力,积极推动欧盟其他国家的能源转型,德国因此承担了欧盟内部很多责任,包括提供了能源发展基金、承担很大比例的减排任务等。

德国在欧盟内部的政策扩散机制主要是通过模仿、学习和强制的方式进

---

① Ortwin Renn, Jonathan Paul Marshall, "Coal, Nuclear and Renewable Energy Policies in Germany: From the 1950s to the 'Energiewende'", *Energy Policy*, Vol. 99, 2016, pp. 224 - 232.

行的。首先,欧盟在经济、政治、环境等领域的合作形成了紧密的共同体,成员国之间在超国家领域上具有共同的制度框架,例如在环境标准问题上,欧盟执行统一的环境标准,在政策扩散的过程中,制度、文化等因素阻力较小,一旦某一国家采取某种政策,其他国家就会模仿,政策扩散也就发生了。[1] 例如在禁止含铅汽油的问题上,20 世纪六七十年代,由于德国民众担忧含铅超标,德国率先在国内禁止了含铅汽油的使用,其他国家随后陆续模仿了德国这一环境政策。另外,学习机制在德国能源转型政策扩散过程中也起到了较为重要的作用,在 20 世纪六七十年代,由于欧盟经济的发展导致水污染,德国也率先开始了国内水污染治理。由于水污染的流动性,其他国家也一定程度上受到了水污染扩散的影响。德国在水污染治理领域取得的成效立刻引起欧盟其他成员国的重视,它们纷纷采取了类似的治理政策,同时在德国的推动下,欧盟形成了自己的水环境标准体系,并在成员国内部适用。再如德国太阳能光伏的大规模应用,推动了欧盟其他国家也开始大力发展太阳能光伏。德国一直在大力发展太阳能光伏装机,其他国家如意大利、西班牙等国纷纷效仿。德国还通过强制的手段推动能源转型政策在欧盟内部的扩散。例如在新能源补贴政策上,欧盟内部分歧较为严重,德国拥有强大的经济实力,能够承受对新能源发展的高额补贴,但是其他国家很难承受,尤其是受经济危机影响较大的国家如意大利、希腊等,其政府更是无力承受。为了统一欧盟新能源补贴政策,德国一直在大力推动欧盟标准,但其他国家反响并不积极,为此,德国承担了欧盟内部较大份额的新能源补贴基金,以此赢得其他滞后国家在欧盟新能源补贴政策上的支持。[2]

[1] Karoline Steinbacher and Michael Pahle, "Leadership and the Energiewende: German Leadership by Diffusion", *Global Environmental Politics*, Vol. 16, No. 4, 2016, pp. 70-89.

[2] 参见:Carol Hager, Christoph H. Stefes eds., *Germany's Energy Transition: A Comparative Perspective*, Palgrave Macmillan, 2016, pp. 91-106。

三、英德能源政策差异

英国能源政策市场化导向与低碳发展很难协调,同时缺乏制造业基础、职业培训以及国家财政支持,导致英国在可再生能源发展领域障碍重重。相反,德国能源转型的成功源于国家在科技创新领域的专业化,当地嵌入式的政府—产业—银行—科学—社会间的协作互动,为技术创新开辟了国内国际市场。

(一) 公司治理体系

公司治理体系和私人企业实践构成了一国政治经济的一个重要组成部分。股东在英国企业管理中扮演重要角色,而在德国,银行则起了比较重要的作用,德国政治经济体制的核心是德意志银行。英国的公司治理体系与其政治体系是平衡的,企业的治理和组织以分立和总体缺乏政策协调为特征。同时,工业和金融的分割表明它要比外国竞争对手付出更高的资金成本,不利于国家制定产业政策。在自由市场经济中,公司依靠市场关系去解决协调问题。而在协调市场经济中,部门协作能够为相关需求提供高层次的支持。政府层面稳定可靠的政策支持,能够减少不确定性,为可再生能源项目提供良好的发展空间。德国中央银行也发挥了重要作用,它为在德国超过80%的风力发电机安装提供优惠贷款,同时对可再生能源开发提供技术创新补贴。[①] 德国的可再生能源发展建立在强大的机械和电子工程传统基础之上,德国凭借强大的工业基础以及国家促进工业升级的发达体系,连同地方嵌入式的协调机制,

---

① Stefan Ćetković and Aron Buzogány, "Varieties of Capitalism and Clean Energy Transitions in the European Union: When Renewable Energy Hits Different Economic Logics", *Climate Policy*, Vol. 16, Issue 5, 2016, pp. 642 - 657.

成功推进了本国的能源转型。[①] 此外,联邦经济事务和能源部以及德国贸易和投资机构积极促进可再生能源的国外投资,支持国内可再生能源公司开拓外部市场。

在促进可再生能源和脱碳能源发展上,英国一直是滞后的。与德国、丹麦这样热衷于可再生能源创新发展的国家不同,英国早期在可再生能源上的举措主要是对欧盟及全球气候和能源政策承诺的回应。2002 年实施的可再生能源义务法令(Renewables Obiligation Order)要求能源供应商在其投资中增加可再生能源的比例,但这项计划完全以市场为基础,政府没有提供相应的支持,事实证明它完全不能满足国家可再生能源的目标。随后,英国政府进行了政策调整,采取了一系列协调市场经济风格的制度和政策机制,加大政府和能源行业的协同合作,提升资金援助和对技术开发的支持。总的来说,由于国家、产业和财政部门之间协调机制的缺失,英国难以复制协调市场经济国家的可再生能源发展路径。[②]

(二) 国家角色

英国自由市场经济中也有政府的角色,但企业拥有高度的自主管理权。德国通过紧密的行业—国家关系推进非价格性的产品创新。总体来说,英国的能源政策不具备稳定性,因为国际能源或经济危机、行业机构游说甚至政府内部意见分歧而摇摆,许多政策都只是为了应对一时的问题而不是基于长远考虑。以风力发电为例,英国和德国在国家参与程度上的不同表现,导致了两国在风能发展上差距很大。英国在 20 世纪 90 年代早期采取的政策是放松管制,强调市场力量的重要性,努力减少支出和对市场的干预,由此英国对能源

---

① Stefan Ćetković and Aron Buzogány, "Varieties of Capitalism and Clean Energy Transitions in the European Union: When Renewable Energy Hits Different Economic Logics", *Climate Policy*, Vol. 16, Issue 5, 2016, pp. 642-657.

② Ibid.

研发的投资削减超过 90%,竞争和自由市场成为国家的核心战略。① 英国风能发展在一种完全自由化的框架内进行,风能项目在发展过程中遇到许多棘手问题。首先,在技术标准上缺乏政府引导,导致相关项目在计划和执行过程中困难重重。其次,英国在风力发电项目上采取竞争性招标体系,限制了当地参与,引起了许多反对。许多当地团体由于竞争力不足无法参与风力项目的投标,因而与非本地的独立发电公司产生了利益冲突,也给风力发电项目的建设与执行带来了严重干扰。执行不力与缺少中央调控使得早期英国的风力发电项目进展缓慢。早先政策的效果不佳,促使英国在 21 世纪早期调整了风能发展的政策。通过商业风电倡议(Merchant Wind Power Initiative),通过直接向客户协调供电的风力发电项目,邀请当地参与到区域发展战略中来,减少风力项目在地区上的阻力,借助税收协调能源市场,通过可再生能源义务要求公用事业公司履行相应责任,一定程度上加强了国家参与市场的程度。②

与英国形成鲜明对比的是,20 世纪 90 年代早期,德国的可再生能源政策主要是以国家监管来推行本国的风能开发,要求电力供应企业购买昂贵的风能电力,运用德国的传统制度模式,如战略投资、非价格竞争等方式,加快可再生能源的开发进程。1991 年开始实施《固定电价上网法》(Electricity Feed-in Law),就要求公用事业公司承担风力发电成本的 10%,消费者只需承担余下的 90%,德国政府也加大了对研发基金的投入,政府层面为风力发电设施提供技术标准,标准设立为技术发展提供了指导方向,也增强了小企业风力发电生产者的信心。在风力发电项目实施遇到问题时,如有居民投诉发电设施噪音过大,政府可以充分利用国家权力来解决这些问题。国家监管促进了德国风电的发展,但与此同时也存在一些问题,如早期的强制购电法,政府要求公

①　Shiu-Fai Wong, "Obliging Institutions and Industry Evolution: A Comparative Study of the German and UK Wind Energy Industries", *Industry and Innovation*, Vol. 12, Issue 1, 2005, pp. 117 - 145.

②　Ibid.

用事业公司自行承担风力发电高昂的成本,并不提供优惠补贴,引起了产业部门的强烈反对和不满,造成了国家与产业间的紧张关系,导致国家政策在执行过程中也遇到了阻碍。随后,德国政府对政策规定进行了调整,建立一个大型数据库,对技术信息进行标准化规定,通过德意志银行和其他税收、会计政策对风力项目发展提供援助,借助风能转换系统提升开发人员对盈利的信心,从技术、社会、财政等角度对产业发展给予充分支持。①

(三) 公司内部结构

在美英的股份制资本主义中,公司的基本目标是为投资者或股东获取利益。德国的政治经济体系是欧洲大陆参与式资本主义的代表,资方、工会和政府合作管理经济,这种公司制资本主义表现为劳工拥有更大的代表权,以及社会更多地参与公司事务的管理。② 德国向可再生能源过渡的一个显著特征是各种行为体的广泛参与及协作关系,如当地社区、家庭、农户和贯穿整个供应链的国内企业。这种分散的自下而上的发展路径不仅能够加强公众对可再生能源技术的接受度,也有助于扩大国内市场、工业增长和创新。根据 2013 年的一项调查,德国超过一半的可再生能源生产能力是由私人掌握的。另外,协调市场经济和当地嵌入式的银行网络在这种变化中扮演着重要的角色。不仅是大多数的能源协作由区域银行提供资金,而且当地政府、银行、市民以及中小型企业在资助、供应和管理可再生能源设施方面也有着密切的合作。③

风能是可再生能源一个重要的组成部分。英国风力发电生产商之间是相

---

① Shiu-Fai Wong, "Obliging Institutions and Industry Evolution: A Comparative Study of the German and UK Wind Energy Industries", *Industry and Innovation*, Vol. 12, Issue 1, 2005, pp. 117 - 145.

② [美] 罗伯特·吉尔平:《全球政治经济学:解读国际经济秩序》,杨宇光等译,上海人民出版社2006 年版,第 150 页。

③ Stefan Četković and Aron Buzogány, "Varieties of Capitalism and Clean Energy Transitions in the European Union: When Renewable Energy Hits Different Economic Logics", *Climate Policy*, pp. 1 - 16.

互竞争的关系,德国生产商之间是相互合作的关系;在英国,生产者与投资人的关系是水平的,在德国是垂直的;在英国,生产者与员工的关系是易变的、不固定的,在德国二者是相互协调整合的;就生产者与国家之间的关系而言,在英国是存在一定距离的,国家与生产者的关系并不紧密,但在德国生产者与国家关系紧密。在风力发电市场结构上,英国的市场竞争以项目招标为主,在德国是以项目分配的方式进行。英国风力发电市场中的参与者数量比较有限,只允许有限的公司参与其中,而德国市场参与者数量较多,各种行为体都可以广泛参与其中,如当地社区、家庭、农民和贯穿整个供应链的国内企业。这种分散的自下而上的发展路径不仅能够加强公众对可再生能源技术的接受度,也有助于扩大国内市场以及工业增长和创新。① 在产品类型上,英国同种类型的产品较少,德国则更多的是同种类的产品。在市场准入和退出上,英国风力发电市场的进入和退出完全自由,而在德国市场的准入与退出受到一定限制。就市场信息而言,英国的市场信息具有隐蔽性,并不是所有人都能获得同等的信息,相反在德国市场信息是由参与者共享的,市场信息的获得更为直接、透明。风力发电的价格在英国是浮动的,在德国是固定的。② 同为欧洲风电巨头,德国开始超过英国,成为新建风力发电机组最多、风电领域发展最快的欧洲国家。

(四) 技术创新

自由市场经济和协调市场经济的区别在于创新的产生机制。自由市场经济中恶性竞争占主导,通常是以激进的重组过程和创新为特征,同时在创新密

---

① Stefan Ćetković and Aron Buzogány, "Varieties of Capitalism and Clean Energy Transitions in the European Union: When Renewable Energy Hits Different Economic Logics", *Climate Policy*, pp. 1 – 16.

② Shiu-Fai Wong, "Obliging Institutions and Industry Evolution: A Comparative Study of the German and UK Wind Energy Industries", *Industry and Innovation*, Vol. 12, Issue 1, 2005, pp. 117 – 145.

集型的高科技工业和服务业中具有比较优势。相比之下,协调市场经济中的
改革创新是渐进式递增的,但也更为连续。创新源于公司、银行以及研究机构
之间的长期合作。这种创新由职业培训体系支撑,强调工业和教育的互动以
培养高技能的劳动力。[①]

　　作为自由市场经济国家,英国在激进技术创新领域具有独特优势,重点投
资于能够带来最大潜在回报的新兴技术领域,如生命科学、太空技术和创意产
业等。英国公司拥有高度的管理自主权,公司不会主动寻求减缓气候变化的
技术创新,除非出现消费者需求。英国将研究成果转化为市场价值的能力相
对较弱。此外,英国还存在创新投入偏低的问题。2000 年代,英国成立了许
多新的机构来推动能源研发,如能源研究中心(Energy Research Centre)、能
源技术研究所(Energy Technologies Institute)等。然而,英国在研发投入上
并没有实质进展,在国际上相对处于较低水平。英国皇家学会会长保罗·纳
斯爵士(Sir Paul Nurse)指出,"英国人均研发投入比德国和美国的一半还要
少。2010 年英国在技术研发上的投入占 GDP 的 1.78%,相比 2009 年占
GDP 的 1.84%有所下降"[②]。针对上述问题,英国政府加强了整体布局,积极
完善国家创新体系建设,加强创新生态系统的内部联系,并对自身在科技发展
中的作用进行重新定位,改变了以往秉承自由主义、不干预创新的做法,强调
政府在推动科技创新发展方面应该有所作为,设定长远规划(至少 5 年),而不
是一贯地放任自由。[③]

　　作为协调市场经济国家,德国公司拥有高技能劳动力,容易实现渐进式创
新,长期雇佣关系使工人能勇于提出改进产品和生产过程的建议,并赋予劳动

　　① Stefan Ćetković and Aron Buzogány, "Varieties of Capitalism and Clean Energy Transitions in
the European Union: When Renewable Energy Hits Different Economic Logics", *Climate Policy*,
pp. 1-16.

　　② Candida J. Whitmill, "Is UK Policy Driving Energy Innovation or Stifling It", *Energy &
Environment*, Vol. 23, Issue 6/7, 2012, pp. 993-999.

　　③ 姜桂兴:《英国创新体系的最新发展趋势及举措》,《光明日报》,2014 年 4 月 6 日。

力足够的工作自主权。公司间紧密协作有助于客户和供应商对产品和生产流程的改进提出建议。公司推行产品差异化战略,而非恶性竞争,公司间协作有利于技术转移和渐进创新。协调市场经济在促进技术发展、扩散和投资时,更强调协作而非市场竞争,与监管部门合作设置目标和法规,避免产品研发受市场信号左右。[①] 德国依托强大的国家—工业—科学基础,专注于传统工业领域中技术密集型产品的研发和出口(如汽车工业和机电工程)。德国促进可再生能源技术供给的重要措施包括在研发活动上的公共支出,以集体和联盟的形式促进商业、学术和非学术研究机构之间的协作。因而,减缓气候变化的技术创新更可能出现在协调市场经济国家,特别是在汽车行业等工业减排领域。此外,德国在太阳能和风能领域拥有数量最多的技术发明,并且拥有全球领先的可再生能源制造商,尤其是在风能领域。[②]

四、小结

就应对能源及气候问题而言,自由市场经济国家整体表现落后。长期以来奉行的新自由主义不但让英国的能源政策难以逃脱这种意识形态的桎梏,而且削弱了政府提供非市场手段解决社会问题的能力。德国将其可再生能源政策推升到欧盟层面,而英国政府的可再生能源政策主要是对欧盟以及对全球气候和能源政策承诺的回应,原则上只是为了成本效益,而不是创新、创造就业或社会参与。由于自由市场经济国家的结构性约束,英国能源政策缺乏国家、产业、银行、研发部门之间的协调。在可再生能源和脱碳发展领域,英国一直被认为是一个落后者。德国通过政府、产业和地方社区之间的制度互动,确立了在能源转型及气候治理领域的领导地位。从长期来看,德国环保产业

---

① John Mikler and Neil E. Harrison, "Varieties of Capitalism and Technological Innovation for Climate Change Mitigation", *New Political Economy*, Vol. 17, No. 2, 2012, pp. 179 - 208.

② Stefan Ćetković & Aron Buzogány, "Varieties of Capitalism and Clean Energy Transitions in the European Union: When Renewable Energy Hits Different Economic Logics", *Climate Policy*, pp. 1 - 16.

的发展依赖于全球市场需求,这种需求需要政策驱动,因此制定全球气候政策
规则是德国绿色出口的重要前提。而绿色出口和发展所带来的投资又有利于
德国能源需求结构的变革。[①] 因而,德国也在国际气候合作中积极努力,提高
国际范围内可再生能源的使用,一方面积极参与建立国际可再生能源机构
(International Energy Agency for Renewables, IRENA),以抗衡支持核能的
国际能源署(International Energy Agency),另一方面完善欧盟的能源市场。

---

① Rainer Hillebrand, "Climate Protection, Energy Security, and Germany's Policy of Ecological Modernization", *Environmental Politics*, Vol. 22, No. 4, 2013, pp. 664 - 682.

第三章　美欧低碳产业与创新政策

伴随着全球气候治理日益碎片化,国际会议解决气候问题表现乏力,各国政府难以形成共识,即使达成一致,也需改变生产者和消费者行为的政策工具作为支持。在这种情况下,低碳产业与技术创新是实现气候变化目标的关键。技术创新是产业政策的核心,技术创新使各国政府免于政策选择前的左右为难,避免严格气候规制下的经济成本顾虑。技术从来不会自行发生作用,技术必须嵌入更大的政治、经济和社会框架中。

第一节　美欧低碳产业政策

鉴于自由市场经济国家的民众对气候政策的经济担忧,美国选择了一个复杂而隐秘的"灵活的以规则为基础的管理体制",精心掩盖了普通选民所要付出的成本。政策重点放在扩大可再生能源的使用上,提高公用事业的效率和效果,确立消费者的节能计划。[①] 美欧创新体系有所差别,这种差异主要体现在创新类型、政府角色与行业减排规范上。美国曾一度大力进行清洁能源

---

① Robert Macneil and Matthew Paterson, "Neoliberal Climate Policy: From Market Fetishism to the Developmental State," *Environmental Politics*, Vol. 21, No. 2, 2012, pp. 230 - 247.

技术投资,但受自由市场经济制约。欧盟依托政府—市场协作模式,逐步确立了在节能减排领域的优势地位。

一、美国低碳产业政策

发展型国家成为美国产业和高科技市场发展的途径,其政策结构主要体现为:产业与创新政策、次国家管理、规则性调控。[①] 第一,产业与创新政策是发展型国家的政策工具,也是其最重要特征。美国在官方文件中极少提及产业政策,甚至对产业政策存在一定程度上的抵触情绪,将产业政策视为政府对企业的干涉。"政府不是解决方案,而是麻烦所在",这一里根在 20 世纪 80 年代提出的论断深刻反映了美国传统观念中对政府的不信任和对政府干涉的抵触。[②] 因此,产业政策在美国受到了广泛的批评和抵制,也因此极少进入公众视野,或像欧洲产业政策那样广泛地被讨论。美国虽未明确提出过产业政策,但拥有事实上的产业政策。这些隐藏在公众视野之外的产业政策,构成了一个隐性地发挥作用并且综合各方力量的产业政策发展网络,这也是发展型网络国家的核心特征。在这一模式下,政府提供注资,让科研团体与企业之间建立起良性互动的合作机制。美国政府在其中扮演的角色既是"金主",又是"协调人",但后者的角色更为显著。受市场自由主义影响,政府干预难以公开进行,为减少政策阻力,政府习惯于将发展型网络国家模式隐藏,这就使得资金援助有限而更加宝贵,并时刻面临削减的危险。因而,利用资金的技巧比资金本身更加得到重视,"挥金如土"式产业政策必定无法施行,政府努力使得科研团体与企业直接进行合作与对接,减少技术投产过程中的成本损耗,节省"冗费",形成一种高效的创新体系。

---

① Robert Macneil and Matthew Paterson, "Neoliberal Climate Policy: From Market Fetishism to the Developmental State", *Environmental Politics*, Vol. 21, No. 2, 2012, pp. 230 - 247.

② Fred Block, "Swimming Against the Current: The Rise of a Hidden Developmental State in the United States", *Politics & Society*, Vol. 36, No. 2, 2008, pp. 169 - 206.

第二,在国家气候政策一直无法得到通过的情况下,各州成为实际上的干预者。各州建立了促进绿色技术与可替代能源经济发展的项目。如可再生能源配额制(Renewable Portfolio Standards, RPS)已成为美国最流行的州层级的可再生能源政策。截至 2015 年 5 月,已有 30 多个州依据本州资源、市场、政策背景制定并实施了可再生能源配额制。其中,得克萨斯州、加利福尼亚州和新墨西哥州为美国实施可再生能源配额制比较典型的几个地区。总体上,美国各州及地方政府经常扮演"政策实验室"的功能,制定倡议作为联邦政府行动的参照模式,许多联邦环境法律就是基于这种模式制定的。同时,各州及地方政府为避免应对气候变化问题的政策分割,往往以城市网络的形式建设跨区域组织来提高效率。州政府及地方政府积极制定气候变化政策主要是为了促进经济发展,减少对能源价格波动的脆弱性。美国州和地方都在寻求政策趋同的伙伴,这并不局限于同一边界或同一地理区域内,州与州之间的"非区域性"水平联盟越来越多,主要有区域温室气体减排行动(the Regional Greenhouse Gas Initiative, RGGI)、西部气候行动计划(The Western Climate Initiative, WCI)、中西部温室气体减排协议(Midwestern Greenhouse Gas Reduction Accord, MGGRA)、新英格兰地区州长和东加拿大省长会议(The Conference of New England Governors and Eastern Canadian Premiers, NEG-ECP)等。

第三,规则性调控。美国国会通过任何实质性的气候立法都非常困难,作为一种替代方案,历届政府往往利用单方面的行政权威来达成政策目标,协调环境规制与经济发展。清洁空气法(Clean Air Act, CAA)是美国环境空气质量保护的基础法律,美国环保署(U. S. Environmental Protection Agency, EPA)以该法作为基本依据确立了国家环境空气质量标准(National Ambient Air Quality Standard, NAAQS)等一系列重要法律法规作为补充,构成了联邦法规。1990 年通过的《清洁空气法修正案》(Clean Air Act Amendments, CAAA)要求采取严格措施,到 2000 年降低 70% 的挥发性有机化合物排放量。为促进大气污染控制技术的推广使用,减缓空气污染问题,同时考虑到技术成本、健康和环境影响、能源需求等因素,根据 1977 年《清洁空气法》制定了新污染源行为标准(New Source Performance Standards, NSPS),该标准定义了限值和对特定排放单元的检测方法及挥发性有机化合物排放限值等。2010年 12 月,美国环保署宣布,将在清洁空气法案的支持下,于 2011 年末开始单方面推行新的行业碳排放标准。2015 年 8 月 18 日,环保署提出一项新标准建议,以减少石油和天然气行业的温室气体和挥发性有机化合物等污染物的排放。该提议是奥巴马的《气候行动计划——削减甲烷排放战略》(Climate Action Plan——Strategy to Cut Methane Emissions)的一部分,其目标是到2025 年,甲烷排放量在 2012 年的基础上减少 40%~45%。[1] 2016 年 8 月 16日,环保署和交通部(Department of Transportation,DOT)和国家公路交通安全管理局(National Highway Traffic Safety Administration,NHTSA)联合发布中重型车辆温室气体排放和燃油效率新标准,旨在削减碳排放和提高燃油效率,同时提高能源安全和促进制造业的创新发展。新标准的实施有望帮助美国减少 11 亿吨二氧化碳排放,为全美车主节省 1 700 亿美元燃油支出,相关车辆油耗减少 20 亿桶,为美国社会带来 2 300 亿美元净收益。到 2027 年,一辆长途卡车车主在两年内就能通过节省油耗来收回对节油技术的投资。[2]

二、欧盟产业减排的政策框架

低碳发展对制造业来说既是机遇也是挑战。对于制造最终用户产品的行业来说,低碳化旨在创造更高附加值的清洁技术产品并扩展到新的"绿色"市场。对于主要生产钢铁、水泥、铝和塑料等基础材料的能源密集型产业(Energy Intensive Industries, EII)而言,要面临更大的挑战。欧盟制定了至

---

[1]　全球变化研究信息中心:《美国拟颁布新标准削减石油和天然气行业的甲烷排放》,2015 年 9月 8 日,http://www.globalchange.ac.cn/view.jsp? id=52cdc0664e9617dc014faab08fe704df。
[2]　全球变化研究信息中心:《美国发布中重型车辆温室气体排放新标准》,2016 年 9 月 13 日,http://www.globalchange.ac.cn/search。

2050 年温室气体排放量减少 80%～95% 的目标,该目标也包含建议工业部门削减 83%～87% 的内容。[①] 在能源密集型产业中完成这种接近零排放的任务,需要进行重大技术变革。尤其是从经济和政策的角度来看,能源密集型产业比其他部门更难实现该目标。工业部门在不同程度上整合了从初级材料到最终产品的价值链,其中轻工业(如制药和电子等)附加值高,属于排放量相对较低的高科技产品制造业。此外,也包括能源密集型产业,如钢铁和水泥等碳排放强度高的基础材料生产。对于完成或组装中间产品和最终产品的下游轻工业来说,低碳转型的主要挑战是创新产品,并增强适应新产品和未来"绿色"需求的能力。因此,低碳转型将为创新型企业发展和拓展新市场提供诸多机会。下游生产需要水泥、钢铁、铝、有机化学品和氮肥等价值链上游的基础材料。在这个领域,脱碳挑战更大,因为能源占生产成本的相当大的份额,这就需要对基础技术进行重大变革。[②]

2011 年 3 月 8 日,欧盟委员会提出了在 2050 年实现更具竞争力的低碳经济的路线图,并以此作为经济上和技术上的可行框架,确保欧盟 2050 年实现在 1990 年基础上减排 80%～95% 的长期目标。该路线图的目标是为欧盟提供指引,重点关注能源部门,以制定低碳战略和长期投资政策,最终实现欧盟的低碳经济转型。该路线图建议欧洲主要通过国内措施来实现上述目标,同时使用国际抵消机制,如清洁发展机制,来完成剩下的任务。欧盟委员会表示有必要与有关工业部门合作制定规化。自此,欧盟工业联合会鼓励企业制定各自的路线图,就技术机遇和挑战以及政策影响表达意见。造纸工业联合会(Confederation of European Paper Industries,2011)、化学工业委员会(European Chemical Industry Council,2013)、钢铁协会(European

---

① European Commission,"Roadmap for Moving to a Competitive Low Carbon Economy in 2050",2011.

② Claire Dupont and Sebastian Oberthür, *Decarbonization in the European Union: Internal Policies and External Strategies*, Palgrave Macmillan,2015, p. 92.

Confederation of Iron and Steel Industries，2013）、水泥协会（European Cement Association，2013）和铝协会（European Aluminium Association，2012)已经发布了各自 2050 年的路线图。[①] 在短期到中期内,主要的减排措施是提高能源效率,并转向采用较少碳密集的燃料,例如从煤炭转向天然气,从天然气转向生物燃料。

总体来看,欧盟产业减排的政策框架主要包括以下三个方面:[②]

第一,气候和能源政策。工业温室气体排放主要通过欧盟排放交易计划,工业排放指令（Directive on Industrial Emissions，IED)是一个补充规定。欧盟各国通过"欧盟工业排放指令"的框架,搭建了一套完整的排污许可体系,包括完善的听证、罚款、法律监督程序。欧盟排放交易体系覆盖所有主要工业温室气体排放设施,包括热力和电力生产,主要目标是减少温室气体排放,同时作为价格机制推动新技术的创新和使用。单靠碳价不足以支持和引发所需的长期技术变革。它需要以针对技术开发、示范和扩大的政策工具作为补充。[③]首先,2008 年,欧盟启动了气候和能源一揽子计划,旨在整合这两个政策领域。2014 年欧盟提出 2030 年气候与能源政策框架,设定了包括碳减排及新能源发展等一系列目标。首先,框架的核心目标是到 2030 年碳排放水平比 1990 年下降 40％。这一目标将在各成员国之间进行分配。其次,欧盟委员会提出到 2030 年欧盟能源消费中至少要有 27％来自可再生能源。新的目标不会作为欧盟法令强制各国执行,各成员国可以根据各自的情况转变能源结构。此前,正在向太阳能和风电转型的德国非常期待这些目标的设立,并且希望各国的目标与欧盟的总体目标接轨。而波兰、英国和西班牙希望在能源利用方面有更多的灵活性。其中英国主要通过使用核能达到它的减排目标。最后,

① Claire Dupont and Sebastian Oberthür, *Decarbonization in the European Union: Internal Policies and External Strategies*, Palgrave Macmillan, 2015, p. 97.

② *Ibid.*, pp. 92 – 111.

③ Michael Hanemann, "Cap-and-trade: A Sufficient or Necessary Condition for Emission Reduction", *Oxford Review of Economic Policy*, Vol. 26, No. 2, 2010, pp. 225 – 252.

为将欧盟排放交易体系发展成一个更加健全有效的体系,欧盟委员会提出要在下一个排放交易期,即 2021 年开始设立市场稳定储备,用于解决近年来碳排放配额过剩的问题,同时通过自动调整拍卖配额的供给,提高系统对市场冲击的恢复能力。[①] 从工业低碳发展来看,需要更加强有力的气候和能源政策整合,并认真考虑长期气候目标。

第二,贸易和产业竞争力。能源密集型产业可以获得欧盟排放交易体系下的排放许可的免费分配,欧盟委员会指令(2009/29/EC)允许补偿电价上涨。此外,还可以通过较低的能源税获得税收优惠待遇。尽管如此,与美国和中国等重要竞争对手相比,欧洲工业面临着高得多的能源价格。[②] 保护工业免受成本费用影响的政策取得了一定成效,然而,未来和更严格的气候政策将加剧劣势,目前的补偿措施将显得不足,因为碳排放交易体系的碳预算收紧。欧盟表示,制造业是增长的引擎之一。随着经济复苏,制造业工厂开始加快生产,它们将用尽衰退期间停产或减产时累积的多余碳排放信用额。欧洲必须实施两项改革:首先,欧盟委员会应该改变碳排放信用体系,允许相关的行业为经济增长出力。信用分配应建立在反映运营现状的基础之上。其次,必须采取措施鼓励电力行业的"可持续的脱碳行为"。电力企业将化石燃料发电转变为利用可再生能源技术发电,工业电力用户支付的价格不应超过自己应该承担的那部分转换成本。[③]

第三,创新与技术发展。2010 年,欧盟委员会提交了"全球化时代的综合产业政策",将竞争力和可持续发展置于核心位置,其中规定了一项旨在通过维护和支持强大的、多元化的和具有竞争力的欧洲工业基地,提供高薪工作,

---

① "2030 Climate & Energy Framework", https://ec. europa. eu/clima/policies/strategies/2030_en.

② IEA, *World Energy Outlook*, Paris: International Energy Agency/OECD, 2013.

③《欧盟新十年减排目标仍存分歧》,2014 年 1 月 24 日,http://www. hbzhan. com/news/detail/86676. html。

同时提高资源利用效率。① 整个创新链(包括研发、示范、试验测试和市场形成支持/早期部署)的技术变革创新是低碳行业的一个关键政策领域。2017年10月27日,欧盟发布了《地平线2020工作计划(2018—2020)》(Horizon 2020 Work Programme 2018—2020),在应对"气候行动、环境、资源效率和原材料"的社会挑战方面,提出需要围绕"建立低碳、具有气候恢复力的未来"和"绿色循环经济"两大需求开展研究和创新行动,预算分别为4.26亿欧元和3.06亿欧元。该工作计划涵盖了支持《巴黎协定》的气候行动、循环经济、原材料、可持续与具有韧性的创新城市、保护自然与文化资产的价值等优先事项。② 总体来看,地平线计划为行业创新和适应"绿色"市场需求提供了机会。然而,对于能源密集型行业而言,绿色创新和对核心技术的投资收益并不明显。虽然碳排放交易体系为推动行业低碳转型提供了基础,但它并未引起所需的长期技术转移,无法支持工业的低碳转型。

第二节　美欧创新类型及优势

一、激进创新和渐进创新

资本主义多样性理论解释范围广,涉及政治和经济生活的不同方面,技术创新是其中的一个方面。每个国家都有自己的技术创新路径倾向,这与其长期发展的制度结构有关。在自由市场经济中,公司更依靠市场关系去解决协调问题,几乎没有非市场形式的协调机构。公司间关系建立在标准的市场关

---

① "An Integrated Industrial Policy for the Globalization Era-Putting Competitiveness and Sustainability at Centre Stage", http://ec. europa. eu/enterprise/policies/industrial-competitiveness/ industrial-policy/index_en. htm.

② "Climate Action, Environment, Resource Efficiency and Raw Materials—Work Program 2018—2020 preparation", http://ec. europa. eu/research/participants/data/ref/h2020/wp/2018— 2020/main/h2020-wp1820-climate_en. pdf.

系和可执行的正式合同之上。协调市场经济中,公司治理体系具有统一的网
络监督机制,公司融资渠道顺畅,这一结构有利于共享信息、确保公司信誉。
公司的生产战略是依靠特定技能的工人,以长期雇佣职位、行业基础工资、保
护性的工作委员会为特点。雇主协会和工会监管职业培训体系,劳资关系稳
固,公司间协作密切。[①] 第一,劳动力市场监管。盎格鲁-撒克逊模式的劳动
力市场管制较少,对雇佣和解雇没有过多的限制,相比之下德国式的劳动力市
场监管严格,由员工选举的工作委员会在裁员、加班、工作组织和培训方面的
管理决定上拥有合法的否决权,工会和雇主组织在劳工法院的决策中发挥着
很大作用。在德国,公司可以建立"劳资委员会"给予员工决策权。第二,教育
和培训体系。英美的职业教育和培训相对宽松,各级教育都存在相应的框架
体系,能够根据市场的需求提供相应课程和研究环境。英美的教育体系并不
提供某一专业领域的特殊技能培训,不能促进学徒制度的发展。德国式的教
育培训体系需要公司、大学和研究机构之间的合作,公司在培训中投入资源,
工会和雇主协会一定程度上阻止了人才流失。第三,公司治理。英美的公司
治理是分散股权制,需要高层管理人员的单方面控制和激励措施,风险评估不
依靠内部信息,这种情况下高风险融资是可行的。德国式的体系是通过稳定
的股权和银行监管进行长期融资,公司内部缺乏强有力的激励措施。银行本
身不具备评估先进技术的专业知识,它们通过咨询相关技术领域的其他公司
来进行间接监管,这也要求与其他公司进行良好的协作,有利于渐进式创新。
第四,公司间关系。英美的框架下由于公司间激烈的竞争限制了公司间合作,
缺乏在共识基础上的治理结构。德国的情况正好相反,强大的企业协会有助
于解决争端、形成共识。

　　国家的制度框架为国家在从事特定活动或生产商品时提供了比较优势。
根据制度框架的比较优势对创新的影响,创新可分为激进创新(radical

---

① Peter A. Hall and David Soskice, *Varieties of Capitalism*, pp. 27 - 33.

innovation)和渐进创新(incremental innovation)。激进创新和渐进创新分别是不同生产模式的基础。激进创新指引起生产线的显著变化,开发完全新型的产品,或生产工艺的显著变化的创新模式。激进创新对于高科技产业(生物科技、半导体、软件)的生产至关重要,这些产业要求快速和显著的产品更新。激进创新还对于复合型产品(电讯、国防、航空)生产十分重要。渐进创新是一种现有生产线和生产工艺以小规模但持续不断的形式进步的创新模式。不像基于激进创新的生产那样强调速度和灵活性,基于渐进创新的生产将维持现有产品的质量放在首位。这种创新模式通过生产工艺的持续进步来降低产品成本和价格,但生产线进步却是偶然的、较少的。因此,渐进创新对于资本密集型产品(机器、工厂设备、耐用消费品、引擎)生产的竞争力是至关重要的。①在研发、示范和推广各个阶段既需要渐进式创新,也需要激进式创新,因此,了解可行的政策工具对于不同技术及其不同阶段的有效性,是取得成功的关键。

　　自由市场经济比较适合激进创新,协调市场经济更好地支持渐进创新。总体来看,两种经济体具有以下不同表现:第一,协调市场经济在渐进创新(对现有的产品线和生产工艺进行连续的、小规模的改进)上具有优势;而自由市场经济在形成激进创新(如生产线的根本变动、新产品的开发或生产流程的重大变革)方面更成功。第二,协调市场经济具有较强的质量控制能力,公司在提供那些对质量而非价格敏感的产品方面更有优势;而自由市场经济的优势在于提供那些对价格更为敏感的产品。第三,在技术扩散的速度方面,自由市场经济应该更快。第四,协调市场经济下的收入不平等程度会比较低,在提供高技术、高工资和就业方面也更加成功。②

① Mark Zachary Taylor, "Empirical Evidence against Varieties of Capitalism's Theory of Technological Innovation", *International Organization*, Vol. 58, No. 3, 2004, pp. 601-631.
② [土]埃玉普·欧兹维伦等:《从资本主义阶段到资本主义多样性:教训、局限和前景》,《国外理论动态》2015年第11期。

二、美欧差异

过去三十年来,美国采取了许多策略来巩固以技术为基础的国民经济。自第二次世界大战结束至 1970 年代,国防和空间科学研究的支持者认为此类研究对国家安全和国民经济均有贡献,为武器系统或火箭等装备而开发的技术最终将进入商业用途。然而在 1980 年代前,商业技术多被用于国防需求。除了对国家安全的直接贡献之外,公共部门和私有部门都强调美国整体目标的实现与在国际世界中的领导地位。1980 年代早期,美国国会开始关注联邦任务导向型研究的经济影响,主要涉及空间科学、医学、国家安全等领域。国会积极促进大学与国家实验室研究成果的商业推广,并鼓励企业与国家实验室进行合作。与此同时,国会通过税收抵免来支持私有部门的科研。联邦政府通过提供资助的方式,分担了小企业发展技术的风险和花费。此外,联邦政府也承担了开发新一代安全、节能、环境友好型机动车的费用。在许多情况下,由于代价太高昂,而盈利遥遥无期,公司技术研发的积极性并不高。与包括联邦政府在内的其他主体分担成本的创新体制有助于激发产业活力,也能提高特定企业的利益。①

进入 21 世纪,欧洲的创业氛围有所下降,市场上那些如雷贯耳的新生代品牌更多地集中在美洲和亚洲地区。尤其在互联网的冲击下,欧洲的创业热情似乎正在逐步消退。虽有孕育创业活动和创业潜力的公司在欧洲大陆逐渐形成,但这些初创企业时常因缺乏创业投资而受阻,或者被迫迁往美国,继续它们的发展轨迹。克罗地亚企业家扬·伊列克(Jan Jilek)用亲身经历证实了这一特点。身为互联网广告网络——广告网(Ad-net)的负责人,他多年来一直对大西洋两岸在初创企业发展机遇方面存在差距感到失望和不满。对于美

---

① Kent H. Hughes, *Building the Next American Century: the Past and Future of American Economic Competitiveness*, Woodrow Wilson Center Press, 2005, pp. 411 - 413.

国与欧洲的创业环境差距,扬·伊列克做了这样的比喻:这就像是一场美国与欧洲之间的赛车,比赛的距离和赛段都相同。美国汽车得到多一倍的汽油(各轮融资的资金规模较大),而且可以使用高速公路。欧盟汽车必须使用乡间小路(美国的一个市场相对于欧盟的多个市场)。此外,高速公路还设有更好的道路指示系统(获得风投、监管框架的帮助),那些幸运的欧盟初创企业最多只能走到第三赛段(被收购),而美国初创企业则可以走到第四、第五赛段,有些甚至完成比赛(首次公开募股)。[①]

　　以英国为例,英国的市场关系有利于激进创新。股东价值已上升到英国公司治理原则的高度,这一原则一般由首席执行官以自上而下方式实施;而在德国正相反,公司的某些改革实行前需要达成一致决议,这一决议是通过顶层管理者和不同职能部门之间的谈判,以及顶层管理者和员工代表之间的谈判达成的。[②] 英国证券市场的股东是那些关注股价,以及多样化持有不同企业股票的证券投资者。由于风险的分散化,他们对于单笔投资的风险接受度比较高,只要证券投资组合的整体预期回报更高。尽管这些分散的组合投资的股东们对于企业决策的参与度很低,但他们通过购买股票的方式支持企业高营利性的战略,也通过出售股票的方式"退出"。最高行政官员和主要投资者的动机高度一致,都要求制定开发新产品和进入新产品市场的战略。同时,公司也有足够强的动机终止停滞和衰退的产业。股东的这一动机来自外部劳动力市场以及企业内部晋升和薪酬模式。由于雇员对企业的依附性较弱,企业通过较强的绩效奖励机制,可以很快地雇佣和回报新领域中的顶尖人才。如果企业要制定激进创新战略以求在新领域中开发产品,这些顶尖人才就是必不可少的。同时,由于工会的力量较弱,而资质优的雇员可以找到新就业岗

---

　　① 赵怡雯:《欧洲的创业环境比较糟糕》,《国际金融报》,2015 年 8 月 17 日。

　　② Peter A. Hall and David Soskice, *Varieties of Capitalism: The Institutional Foundations of Comparative Advantage*, p. 339.

位,这些企业也可以轻易进行大量裁员。①

德国企业采用高回报—高风险公司战略的动力较小,倾向于保守型发展战略。营利性和股价在主要股东的利益诉求中并不重要。银行对于保守政策支持度很高,以此来维持其贷款的价值。因此,德国产业缺乏进入新市场和退出停滞或衰退产业的压力。员工代表制度和共同决策制度也强化了这一点,员工代表对于现有部门有较强的忠诚度,更为关注岗位保留和公司特定的人力资源构成。在宏观层面,英国企业愿意以裁员为代价来维持股息水平。总体来说,相较于英国而言,德国的制造业,尤其是中等科技含量的制造业(如化工、机械、汽车)有着更高的地位,但是在英国,高科技制造业(如制药业和信息技术产业)比在德国更重要。英国部门收购、企业兼并、开展新业务等公司改组方式要比在德国更常见。②

以化工/制药行业为例,德国和英国的大型化工/制药企业遵循各自国家的制度模式,国家体制对于企业创新和产品市场战略有重要影响。制药业最初只是作为化学工业的一个分支而出现,之后,化工/制药行业的特点发生了重大变化。大部分简单医疗问题的治疗药物都已经开发完毕,行业关注点转向了解决更复杂的医疗问题上,这意味着探索、试验以及新药品的营销成本都大幅提升,大企业中研发成本的增长就超过了销售额的10%。为了减少在无效研究上浪费的成本,对于某项产品研发的资金支持也要定期接受一系列"通过/不通过抉择式"(go/no-go decisions)的细致审查。从20世纪80年代末到90年代末,德国制药工业所生产的50种销售量最大的高效药剂的全球份额已从12%下降到3%。这充分说明了德国制药工业的国际竞争力在不断下降,所占的世界市场份额也不断缩小。③

① Peter A. Hall and David Soskice, *Varieties of Capitalism: The Institutional Foundations of Comparative Advantage*, p. 351.

② *Ibid.*, pp. 351–352.

③ *Ibid.*, p. 356.

英国化工/制药企业的特点是,通过新产品的激进创新以及对简单产品生产的缩减,快速进入新增长领域。知名英国化工/药物公司——英国化学工业公司(Imperial Chemical Industries, ICI)在 1980 年代后期决定将化工和制药业务分割,制药业务集中在一个分公司,这一分公司后来进入证券交易市场,向公众出售股权,最后形成的阿斯利康公司(Zeneca)成为仅次于葛兰素威康(Glaxo-Wellcome)的英国第二大制药公司。同时,英国化学工业公司对某些业务的合理化改革,也通过成本削减和出售利润水平不达标部门的方式快速推进。德国三大化工巨头——赫希司特(Hoechst Group)、巴斯夫(BASF Group)、拜尔(Bayer Group)的改革要慢得多,与化工相比,制药的重要性大幅下降。三个公司都表现出同样的趋势,即运用最初的"退出"机制("exit" mechanism),将其在制药业的创造性活动转移到美国,在美国设立新的研究机构,或者收购现有的公司(尤其是生物科技领域的公司)。[1]

尽管分散的股东很少能直接影响英国公司决策,但其利益在很大程度上与公司顶层管理者是一致的,即在于追求高营利性的策略。其中一种策略就是快速进入前景好的新行业,并且大幅度缩减衰退行业相关业务部门的开支,或是完全退出这一行业。自愿性的劳资关系也为这一策略提供了支持,公司能够及时雇佣新领域内的激进创新专业人才,并给予高额报酬。同时,从衰落行业中退出的成本也很小,因为工会对于公司大面积裁员和公司结构的合理化调整是无能为力的。[2] 而相反,在德国,股东要平衡股价和公司其他战略考虑之间的关系,并且员工代表能够有效阻止公司结构改革,或者增加其实施成本。与英国相比,德国的公司战略通常很少反映出对股价和营利性的关注,而更多体现了对于诸如在现有市场中的市场占有率、科技领先、员工安全感之类目标的关注。因此,英国公司在新领域的激进创新上有着相对优势,也在停滞

---

① Peter A Hall and David Soskice, *Varieties of Capitalism: The Institutional Foundations of Comparative Advantage*, p. 356.

② *Ibid.*, p. 358 – 359.

和衰退行业的产品价格竞争上有着相对优势。而德国企业在所谓的"中等科技水平"行业及其所需的渐进创新上,以及在企业特定的大量人力资本投资上具有相对优势。英国和德国似乎并没有向同一种"最优的"公司治理模式趋同,两个体系中的大部分关键行为体似乎都认识到了各自的相对优势,且尽力对现有制度做出累积性完善,而不是从根本上改变其体制。在资本市场国际化的压力下,总体趋势是对两国各自既有产业模式的巩固和深度专业化,而不是向一个特定的模式趋同。[①]

第三节　美欧减排技术创新

第二次世界大战结束后,美国的经济领先地位和竞争优势逐步下降,政府开始关注国家在技术创新和产业发展中的作用。20 世纪 70 年代以来,美国联邦政府的这一战略性选择,也延续到了应对气候变化问题中。美国政府历来重视基础性研究,其竞争优势主要在于信息技术和制药领域,而非工业部门,美国多年来在减排上无所作为,与其自由市场经济制度密切相关。

一、发展型国家与美国创新政策

"发展型国家"模式源自美国政治学者查默斯·约翰逊(Chalmers Johnson)对战后日本发展经验的总结。自 20 世纪 90 年代以来,外有全球潮流制约政府能力,内有工资飞涨颠覆国社关系,"发展型国家"纷纷面临"增长趋缓"或"调整转型"的抉择,不少学者提出"挥别发展型国家"的说法。[②] 实际

---

① Peter A. Hall and David Soskice, *Varieties of Capitalism: The Institutional Foundations of Comparative Advantage*, p. 360.

② 杨雪冬等:《中国政治研究:田野经验与理论范式(笔谈)》,《华东师范大学学报(哲学社会科学版)》2017 年第 1 期。

上,发展型国家模式并非东亚所特有,在全球绿色能源竞争日益加剧的今天,发展型国家模式并未过时。尽管美国曾经在各类主要产业上都保持领先地位,但在1960年代后期,随着西欧和东亚经济在扩张性产业政策的支持下迅猛增长时,美国的技术与竞争优势开始衰落。美国不得不重新思考联邦政府在科技创新和市场拓展中的角色,一种更为积极的方案显得尤为必要,这就是美国发展型国家模式产生的背景。美国1970—1980年代的立法浪潮,旨在重新定位基础与应用研究的方向,积极发展民用消费市场,重建国家在国际市场中的主导地位。美国所追求的发展政策类型,与东亚的发展模式,存在很大不同。东亚模式往往被视为"发展型官僚国家"模式,如日本通过经济产业省(Ministry of International Trade and Industry,MITI)确保经济与产业快速发展。这一模式用于支持本国公司在特定的领域追赶并挑战国外竞争者。美欧所创造的是另一种截然不同的发展模式,称为"发展型网络国家"(Developmental Network State,DNS),发展型网络国家的主要战略是帮助公司进行产品升级和科技创新,如新的软件应用程序、生物科技药品、医疗器械等。除此之外,公司已拥有较强的科技创新动机,所以额外的政府补贴或刺激难以产生更大的边际效益。相对于直接为公司提供经济刺激,发展型网络国家更为"放手"(hands off),这一模式支持公共部门与公司密切合作,以识别和支持最有发展前景的创新成果。其中,政府干预主要体现为:(1)促进不同研发领域之间的合作;(2)提高基础和应用研究经费总量;(3)发展科技转化机制,以确保公共部门资助的创新成果能找到私营投资者,帮助他们将技术投入市场;(4)创造相应的制度环境,为新技术培育市场。① 美国政府通过这一机制,在促进私有商业市场技术发展与合作中扮演主要角色,使美国在生物、信息技术、电信、软件等领域保持领先地位。美国的发展型网络化国家还有一

---

① Robert Macneil and Matthew Paterson, "Neoliberal Climate Policy: From Market Fetishism to the Developmental State", *Environmental Politics*, Vol. 21, No. 2, 2012, pp. 230 - 247.

个"隐形"的特点,从里根时代直到现在,这种发展型国家机制始终远离公众视线。美国政府在技术创新中的干预作用在公开辩论中被隐藏。这是由于,在市场原教旨主义和党派政治的影响下,私营成分被视为活力与效率的代表,政府的行动则象征着低效与僵化。美国信奉自由市场经济,在技术创新领域也不例外。经济活动对技术资源有庞大的需求,私营部门通过市场竞争机制将意识到这种需求,并以一种经济上有效的方式做出反应。政府应从事研发活动,以服务于私人研发活动不易承担的特定国家利益使命,或是弥补严重的市场失灵。

发展型网络国家在创新过程中的作用主要包括:①第一,针对性资源获取(Targeted Resourcing)。政府官员与专家在特定领域进行磋商,确定关键的科技挑战,寻找解决办法,政府随后对有希望实现突破的团队提供资金和其他资源支持,有利于通过集中资源加快技术进步。第二,网络化(Networking)。发挥联结纽带作用,将参与创新进程的众多实验室、学术机构、企业和研究团体联系起来,为加快技术创新创造条件。第三,商业化(Commercialisation)。使创新走出实验室,进入商业化进程。在气候和能源领域,最关键的是美国能源部及所属国家实验室系统。第四,提供支持(Facilitation)。由于商业化的每一个环节都存在障碍,包括市场失灵、政府失灵、与技术市场性质有关的困难以及其他文化和历史障碍,国家制定一系列方案、倡议来克服这些困难,确保为新的革新创造强有力的和持久的市场。这种支持包括制定标准、信息传播、税务和其他财务奖励、新的任务和规章、政府采购政策和合同等。发展型网络国家提高了技术发展早期阶段资金的使用效率、提供实物援助,如利用最先进的实验室设备和高级技术人员、通过有效的联络沟通,促进科学家和工程师群体与其他研究人员之间的联系。从根本上改变了美国国家创新体系,多

---

① Robert MacNeil, "Seeding an Energy Technology Revolution in the United States: Reconceptualising the Nature of Innovation in 'Liberal-Market Economies'", *New Political Economy*, Vol. 18, No. 1, 2013, pp. 64 - 88.

数技术创新发生在跨越公共与私人界限的合作网络中。

（一）清洁能源技术创新

冷战时期,美国政府建立了国家机构、研究实验室、私企和大学之间的联通机制来推动创新和研发。这个机制也称为军工复合体,是维持美国军事主导权和推动一系列附属领域的经济发展的中心,包括外太空领域、互联网和其他领域。在里根政府时期,国家干预转向解决美国贸易逆差,尤其是在应对与日本在外太空、电子产品和通讯方面的竞争,并保持领先地位。之后,当气候变化和能源转型挑战出现后,气候能源政策便沿袭了这一创新体制。1992年,布什政府的能源政策创造了一大批可替代能源的研发项目,包括创新型可再生能源技术转化项目(the Innovative Renewable Energy Technology Transfer Program)、可再生能源税收政策(the Tax and Rate Treatment of Renewable Energy Initiative)、可再生能源生产刺激计划(the Renewable Energy Production Incentive Program)和可再生能源出口技术项目(the Renewable Energy Export Technology Program),以及一些其他的计划。克林顿时期,美国各州的研发能力在清洁能源的重大技术创新方面发挥了重要作用。为了保持这一历史模式,自 2007 年以来,美国军方已接管并成为首要的绿色能源研发和采购的投资方。这主要是源于伊拉克和阿富汗战争期间化石燃料在供应站、中转站之间运输的困难。这导致国防部大幅增加了一系列绿色能源技术的投资。这种形式的国家支持极大促进了清洁能源研发和专利申请,从而使美国在世界范围内保持领先地位。[1]

奥巴马政府在布什政府第二个任期内建立的样板的基础上,同样提高了联邦政府向可替代能源研发的投入。美国参议院于 2009 年 2 月投票通过了

---

[1]　Erick Lachapelle, Robert Macneil and Matthew Paterson, "The Polital Economy of Decarbonisation: from Green Energy 'Race' to Green 'Division of Labor'", *New Political Economy*, Vol. 22, No. 3, 2017, pp. 311 - 327.

"美国复兴与再投资法案"。这项经济刺激计划设计的总规模达 8380 亿美元之巨。有学者认为奥巴马的新政措施与 76 年前的罗斯福新政大致相同,都体现了国家干预经济的特征。2015 年 9 月 16 日,白宫宣布奥巴马政府将提供 1.2 亿美元资助太阳能研究计划,以推动全国 24 个州的清洁能源发展。该计划将围绕一系列行政措施开展,旨在加速美国太阳能产业的整合,同时推动该领域的创新,包括使太阳能在农村地区更容易获得、为家庭和企业简化安装和改善现有的太阳能电池板的效率。作为该政府新计划的一部分,美国能源部 (Department of Energy, DOE)宣布其 3 000 万美元的第二轮"技术到市场" (Technology to Market)基金资助,以创造旨在降低太阳能系统成本的新设备和技术。能源部还提供 2 000 万美元的"太阳能光伏研发"(Photovoltaics Research and Development)基金资助,预计将支持多达 35 个项目,以推动新的光伏电池和组件性能。此外,能源部的"太阳发射"(SunShot)计划还通过"认识社区"(Recognizing Communities)基金为"太阳能供电美国"(Solar Powering America)划拨 1 300 万美元,以便为地方政府确定一个国家承认技术援助计划,以消除市场障碍,并促进消费者及企业使用太阳能的进程。[①] 2016 年 2 月 6 日,美国白宫宣布推动"创新使命"(Mission Innovation)发展的下一步计划,计划至 2021 年联邦政府对清洁能源研发投资在 2016 年的基础上加倍,即从 64 亿美元增加至 128 亿美元,这意味着未来五年美国清洁能源研发资助将每年增加 15%。2017 年该笔预算为 77 亿美元,同比增长 20%。[②] 特朗普政府对创新与研发的态度尚不明确,但从 2017 年 3 月 28 日签署的《关于促进美国能源独立与经济增长的行政命令》可以看出,传统能源行业与就业

---

① 全球变化研究信息中心:《奥巴马政府提供 1.2 亿美元资助太阳能研究计划》,2015 年 10 月 10 日,http://www.globalchange.ac.cn/view.jsp? id=52cdc0664fd8d24401504ff81942002b。

② 全球变化研究信息中心:《美国白宫发布 2017 财年预算推动"创新使命"的发展》,2016 年 3 月 3 日,http://www.globalchange.ac.cn/view.jsp? id=52cdc066520bc02201533b81fcbe02f9。

增长成为优先考量,清洁能源研发将会放缓。[①]

美国一直引领全球气候变化科学的研究前沿,并且是气候变化数据保存与收集方面的世界领袖。2017 年,清洁技术集团(Cleantech Group)和世界自然基金会(World Wildlife Fund,WWF)共同发布的《2017 全球清洁技术创新指数》(Global Cleantech Innovation Index 2017)报告表明,美国(还有丹麦、芬兰、瑞典等国)为孕育清洁技术初创企业提供了最佳的条件。[②] 就目前来看,能源研发方面的公共投资虽然远低于 20 世纪七八十年代水平,但政府对能源研发的投资依具体情况实行,即使经济不景气、物价萎靡时也会予以相应资金支持。如今产业政策的重点并非政府主导,而是政府辅助的创新政策。总之,美国气候政策的主旋律是,培育先进技术的国内市场,刺激创新和需求,保持科技竞争优势,确保美国在绿色经济竞争中的领先地位。在这一前提之下,美国更为关注"后京都时代"关于技术合作的国际协议,如早在 2005 年 7 月 28 日,由美国发起的亚太清洁发展和气候伙伴计划(The Asia-Pacific Partnership on Clean Development and Climate,APP),其成员为美国、澳大利亚、日本、中国、韩国和印度。第一次部长级会议于 2006 年 1 月在悉尼召开,宣布这项伙伴计划将比设立硬性规定的《京都议定书》更为有效。2007 年,加拿大也加入这一阵营,新伙伴计划发展势头十分强劲。"新伙伴计划"是一个自愿、无法律约束力的国际合作框架,主要通过合作伙伴国之间的技术交流和转让来减少温室效应所带来的负面影响,没有硬性规定每个国家的温室气体减排义务。这契合了中、印等发展中国家对技术转让的需求,同时考虑到伙伴国家的能源安全和能源效率问题,为美国、澳大利亚这些没有批准《京都议定书》的国家提供了灵活性。美国白宫发布的报告声称这是一项以结果为

---

① "Presidential Executive Order on Promoting Energy Independence and Economic Growth", https://www. whitehouse. gov/the-press-office/2017/03/28/presidential-executive-order-promoting-energy-independence-and-economi-1.

② The Global Cleantech Innovation Index 2017,p. 14.

导向的伙伴计划,可以加速推进清洁能源的研发,使资源使用更有效率,同时可以减少贫困和促进经济发展。当然,也有批评者认为这一计划是无力的,对于温室气体的减排不起作用,而且还弱化了《京都议定书》,阻止了更多的发展中国家加入《京都议定书》的框架中来。[1] 亚太清洁发展和气候伙伴计划的运行没有立竿见影的效果,在减少温室气体的排放量上没有提供一个有约束性质的国际条约。[2] 亚太清洁发展和气候伙伴计划以市场机制为基础,重视私人部门的作用,以私有利益驱动来实现管制。通过合作伙伴国之间的技术交流和转让来减少温室效应所带来的负面影响,没有硬性规定每个国家的减排义务。美国一直反对欧盟主导的强制规制模式,将市场主导作为核心机制,不规定具有法律约束力的排放承诺,尽量避免涉及"承诺期"的概念,积极促进技术创新和推广。

如今的清洁能源竞争影响了各国产业政策的制定,美国、欧盟、中国、日本,都寻求在可再生能源、电力汽车、存储技术上的全球市场份额。为应对生产全球化和跨国生产带来的挑战,美国为保持自己在各个产业的竞争力,积极调整国家产业和创新政策。2016 年 12 月 21 日,由美国纽约前市长迈克尔·布隆伯格(Michael R. Bloomberg)、美国前财长亨利·保尔森(Henry M. Paulson)和旧金山对冲基金(Farallon Capital)创始人托马斯·斯泰尔(Thomas F. Steyer)联合发起的风险商业项目(Risky Business Project)发布题为《从风险到回报:投资清洁能源经济》的报告指出,降低气候变化风险不但在经济上和技术上可行,而且能为美国商业发展带来重大新机遇。为避免气候变化带来破坏性风险,美国清洁能源必须加快转型。政府设定一个清晰一致的政策和监管框架,企业就可以使清洁能源经济成为现实。该框架必须就

①　Claire Miller, "New Climate Partnership Makes Little Difference", *Frontiers in Ecology and the Environment*, Vol. 4, No. 2, 2006, p. 60.

②　市场自由主义反对关于温室气体减排的国际规制,推动 App 向没有规制、以贸易为导向的方向转变,重视市场自发秩序的作用。

气候行动的必要性发出一个清晰、一致和长期的市场信号,并为清洁能源系统创新和部署提供激励。① 总之,绿色技术发展的利益广泛化虽是全球范围内节能减排的必由之路,但最终落脚点在于确保经济竞争优势。美国试图通过亚太气候与能源合作伙伴关系将其技术发展方略国际化。这一方略与以欧盟为代表的量化排放目标之间的冲突,仍然是后京都时代气候治理的主要冲突。

(二) 存在的局限

美国成功地以技术革命创造新市场,从核反应堆、集成电路到个人电脑,美国一直处于创新的最前方。美国理应被寄予厚望,推进应对气候变化的激进技术创新,但事实并非如此。以对于节能减排至关重要的汽车业为例,美国汽车厂商有着足以超越日本和欧洲同行的技术创新能力,但自由市场经济下,长期以来企业关注的是院外游说以制定更低的节能减排标准。这与其制度约束密切相关,主要体现在创新的资金投入和行业规制上。

第一,美国基础研发投入主要流向在国民经济中占重要地位的军事工业。由于研发投入中国防部门的投入占比较高,国家创新系统产出减排技术的效率相对较低。事实上,长期以来美国的基础科学研究都主要由国防部门提供资金支持,而基础科学研究带来的非军事科技的进步外溢地促进经济增长,只是这一过程的副产品。经济合作与发展组织统计资料显示,2006—2015 年间,就能源公共研发预算中的可再生能源研发投入占比来看,美国远远低于丹麦、荷兰、瑞典、德国、澳大利亚等国,在经济合作与发展组织国家中较为落后。② 如此一来,美国技术优势自然高度集中于军事、太空、医药等领域。一般来说,某些产业更有可能为减少温室气体排放做出贡献,如制造业、化学化工业和建筑业,制造业增加值在美国制造业总产值中所占百分比较低,而服务

---

① 　全球变化研究信息中心:《美国商界呼吁加快建设清洁能源经济》,2017 年 2 月 15 日,http://www.globalchange.ac.cn/view.jsp? id=52cdc0665961ee1b015a3fc1349203cb。

② 　Green Growth Indicators: Economic opportunities and policy responses, OECD. Stat.

业占比较高,但是制药、金融、服务业的技术进步对减排的影响较小。

第二,美国企业倾向于没有约束、自由放任的市场和行业规制,企业与政府的互动主要以掌控行业规范的制定而不是建立伙伴关系为目标。从美国汽车业的角度看,自由市场经济模式下消费者需求是决定产品节油标准的首要因素,全行业平均节油标准的提高以及更多节油性能较高的机动车的生产销售,只能通过政府给予消费者补贴,而非制定行业规范的方式实现,经济收益始终是汽车厂商的首要考虑。

第三,美国政府更倾向于通过立法制定行业规范,政府与市场界限分明。20 世纪 70 年代,美国引进了公司平均燃油经济性标准(Corporate Average Fuel Economy,CAFE)。这一标准于 1978 年生效,它为所有在美国生产和销售的汽车制定了燃油经济性目标,并通过高额罚款惩罚违反规定的企业。这是一种典型的自由市场解决环境外部性的方法,即将政府制定的规范强加于市场,而不是由行业自主制定规范,从而产生了企业和政府之间这种按照市场规则运作、游说—冲突式的关系。[①] 美国车企试图规避一切关于节油标准的行业规范,通过自由市场经济通行的方式,即政府的消费补贴来增加销售,并依据市场情况制定技术研发计划,而不是与政府合作来重塑行业规范。同时将消费者需求和相关基础设施建设视为外部约束条件,而不是其负责引领和改造的对象。[②]

作为自由市场经济体,美国将市场竞争和效率作为应对全球气候变暖的方法,使政府在其中的角色最小化。为了创造新市场,公司都期望政府能够把资金导向应对气候变化的技术研发,并提供长期支持以不断提升技术目标,而不受成本收益制约。在没有政府实际参与的情况下,美国不会真正有效地应对气候变化。总之,美国的科研资金被军事需求主导,其竞争优势主要在于信

---

① John Mikler and Neil E. Harrison, "Varieties of Capitalism and Technological Innovation for Climate Change Mitigation", *New Political Economy*, Vol. 17, No. 2, 2012, pp. 179-208.

② Ibid.

息技术和制药领域,而非工业部门,而工业技术创新是减排的重要杠杆。总体来看,隐形发展型网络化国家机制使国家干预与市场自由主义共存,推动了计算机、纳米技术、生物科学等产业的发展,但在节能减排领域成效较小,在关乎国民切身利益的基础设施领域发展缓慢。同时,发展型网络国家在隐性状态下成长,这一局限限制了它支持和加快创新的能力。由于发展型国家的活动是隐性的,整个机制缺乏民主合法性,公众在决定联邦政府研发重点上几乎没有发言权。没有公众的参与,国家技术创新不可避免地导向军事和安全领域,而某些公司将利益置于公众利益之上。除此之外,美国的发展型国家机制缺乏协调,不利于政府发挥联结纽带作用,政府更难以确定其优先项目。①

二、德国创新模式

德国经济是 20 世纪后半叶以来最成功的出口型经济,其成功主要依靠的是产品开发创新而不是价格竞争。与美英不同,德国的创新主要集中于工程和化工领域高质量产品的渐进创新,这种创新需要长期融资、有效的职业培训体系以及各大公司、科研院所、大学等部门之间长期的密切合作。这些条件的满足与德国公司制度框架的激励和限制性条件密切相关。

(一) 国家创新体系

国家制度框架是指管理劳动力市场监管、教育和培训体系、公司治理和公司间关系的一系列规则和协议。第一,劳动力市场监管。德国劳动力市场监管相对严格,由员工选举的工作委员会(works councils)在裁员、加班、工作组织和培训方面的管理决定上拥有合法的否决权,工会和雇主组织在劳工法院的决策中发挥着很大作用。在德国,公司可以建立劳资委员会给予员工决策

---

① Fred Block, "Swimming Against the Current: The Rise of a Hidden Developmental State in the United States", *Politics & Society*, Vol. 36, No. 2, 2008, pp. 169 – 206.

权。第二,教育和培训体系。德国教育培训体系被称为双轨制(dual vocational training system)或学徒制。基本在 15 到 16 岁时,大概 2/3 的德国青少年进入职业学习体系,他们同时会在职业培训学校学习,并在企业工作。无论是理论知识,还是实践技艺,都有严格的规定,受到国家培训法规的保护。依赖公司、大学和研究机构之间的合作,学徒制培养了一代代技能过硬、具有工匠精神的德国技工,同时也控制了员工的流动率。在年轻人失业率居高不下的欧洲,德国的失业率相对较低。第三,公司治理。德国式的体系是通过稳定的股权和银行委托监控进行长期融资,这种情况允许内部信息,共识决策,公司内部缺乏强有力的激励措施。银行本身不具备评估先进技术的专业知识,它们通过咨询相关技术领域具备专业知识的其他公司来进行间接的监控,这也要求与其他公司进行良好的协作,有利于渐进式创新。第四,公司间关系。德国企业形成了密集的行业协会网络,商业活动具有高度的协调与合作能力,这种合作有助于公共利益的实现。①

　　德国的创新模式促进了其发达的制造业。举例而言,世界范围内消费者日常购买的中国产品多数都是由德国制造的机器设备生产的,而制造这些机器设备的公司业绩斐然。首先,技术创新的产出必须广泛地使众多产业部门获得生产力的提升,因此,德国不仅寻求形成新的产业,同时用创意与新技术刺激现有产业。其次,德国有一系列帮助企业重组与改善创意的公共机构。部分由政府资助的智库(Fraunhofer Institutes)负责以全新的方式将革命性的创想引入市场实践。这些机构拉近了中小企业与技术研究之间的距离。最后,德国的就业人口长期持续接受职业训练,使得其能够适应德国工业部门的技术创新,从而使德国工业部门能不断为消费者提供愿意以更高的价格购买

---

　　① David Soskice, "German Technology Policy, Innovation, and National Institutional Frameworks", *Industry and Innovation*, Vol. 4, Issue 1, 1997, pp. 75–96.

的产品和服务。[①]

德国通过政府、产业和地方社区之间的互动,确保在技术创新领域的竞争优势。2017 年 6 月,德国弗劳恩霍夫协会的 11 家研究所和莱布尼茨学会的 2 家研究所共同制定并启动了跨地区"微电子与纳米电子研究工厂"的项目方案。德国教研部为该项目方案提供经费支持,弗劳恩霍夫协会将获得 2.8 亿欧元,莱布尼茨学会获得 7 000 万欧元。德国微电子研究工厂将把 13 个研究所的 2 000 多名科技人员以及技术研发所需的设备重新组织在一个虚拟研究机构里,组建世界上智能系统领域规模最大的技术和知识产权团队,未来还将创造 500 个高质量就业岗位。该方案的提出旨在通过组建跨地区的技术团队,为中小企业提供最优条件下的尖端技术,增强欧洲半导体与电子行业的全球竞争力。研究工厂的扩展和运行将由一个公共办事处协调和组织,位于不同地方的研究所仍然保留,这有利于给大企业、中小企业以及大学的客户直接提供一站式的有关微电子和纳米电子技术的整个价值创造链的技术服务。研发工作主要瞄准四个未来技术领域:硅基技术、化合物半导体及特定衬底、异质整合和设计检测及可靠性。这些领域的知识突破是开发重要应用领域的基础条件之一,也是德国及欧洲在国际竞争中所必需的实力。[②]

(二) 减排优势

一般来说,某些产业部门在减少碳排放、应对全球气候变化中相较其他产业更为重要,如制造业、化学化工业和建筑业的技术进步,更有可能为减少温室气体排放做出贡献。相较于协调市场经济体,美英等自由市场经济体的制造业附加值在制造业总产值中所占百分比较低,而服务业占比较高;而作为协

---

① Dan Breznitz, "Why Germany Dominates the U. S. in Innovation", https://www. tommasz. net/2014/05/28/why-germany-dominates-the-u-s-in-innovation, 2017 - 06 - 18.
② 科技部:《德国启动微电子与纳米电子研究工厂项目》,http://www. most. gov. cn/gnwkjdt/201706/t20170626_133726. htm,2017 - 06 - 26。

调市场经济体的德国制造业附加值占比较高。德国专注于传统工业领域中技术密集型产品的研发和出口（如汽车工业和机电工程）。德国促进可再生能源技术供给的重要措施包括在研发和研发活动上的公共支出，以集体和联盟的形式促进商业、学术和非学术研究机构之间的协作。德国在太阳能和风能领域拥有数量最多的技术发明，并且拥有全球领先的可再生能源制造商，尤其是在风能领域。[①] 为强化未来德公司在技术市场上的领导地位，德政府提供的支持框架包括光伏创新联盟（Photovoltaics Innovation Alliance）。2011 年，德政府启动综合性能源研究计划（Energy Research Program），该计划一直持续到 2020 年。研究计划主题重点集中在可再生能源、能源效率、能源储存方式和电网技术、可再生能源融入电网、能源技术的相互影响。作为该计划首要步骤，德政府将启动实施联合资金项目"电网和能源储存""太阳能建设—能效城市"。德政府已在 2010 年 5 月 3 日公告德电动车战略，目标是至 2020 年上路电动车达到 100 万辆，2030 年达到 600 万辆。2011 年德国推行电动车标识管理，并为电动车享受诸如免费停车等优惠准备条件。从 2012 年开始，欧盟委员会将航空纳入碳排放交易体系，这会进一步促进航空领域提高能效和加大可再生能源（如生物燃料）使用。德政府考虑适当调整以排放为基础的汽车税，并研究减少各种温室气体排放如何体现在化石燃料征税过程中。拟增加铁路基础设施投资，重点建设货运走廊，创造必要条件将货运重心转移到对环境更加友好的铁路上。总体上，德政府将采取切实步骤，促使环境友好型运输方式替代以前各种运输工具。[②]

　　人们谈起国际环保技术时，总是会不由自主地提到德国。德国有着世界上最大的建设生产风力涡轮发电机和地热发电工厂的规模。至今已有将近两

---

① Stefan Ćetković and Aron Buzogány, "Varieties of Capitalism and Clean Energy Transitions in the European Union: When Renewable Energy Hits Different Economic Logics", *Climate Policy*, Vol. 16, 2016, pp. 1 - 16.

② 中国驻德国使馆经商处：《德国"能源方案"长期战略述评》，http://ccn. mofcom. gov. cn/spbg/show. php? id=12997,2012 - 05 - 08。

百万人在环保行业工作,并且这一数字还在持续高速增长。与此同时,环保技术几乎在国民经济的所有部门间传播:从节能器械和系统的生产到对于信息社会而言重要性不断增长的信息科技产业的环保转型。可持续型与节能型技术高速发展,特别是在能源行业。莱茵集团(RWE)、意昂集团(EON)以及其供应商福伊特集团(Voith)都在建造潮汐能发电厂,而西蒙子电气公司(Simens)致力于建造更多风力涡轮发电装置,而不是煤电厂。无疑德国的商业将受益于前途看好的环保技术产业发挥的吸引力,而且也会成为生态环境改善的全球典范。德国联邦政府推动高效的经济转型,并且不计其数的中小型企业也参与其中。在这一背景下,德国设定了在 2020 年 35%的发电由环保方式完成的目标;而另一项目标,即德国企业成为全球环保行业领导者已经实现。[1]

德国是欧盟最大的经济体,政府在与市场和厂商的互动中长期扮演促进的角色。政府与市场合作,协调厂商行为并共同推进国家目标的实现。因此,德国政府通过法律和政企对话与各个行业龙头企业达成一致,因此常被视为"创能型国家"(enabling state)。[2] 德国的协调市场经济模式代表了许多其他欧洲大陆国家的资本主义经济模式,即更多强调政府和市场主体的协调与协商。以欧盟汽车行业为例,限制产品碳排放量的规定不是政府强加于厂商的,而是汽车行业的共识。欧洲一些国家通过了加强汽车节能环保的法规,逐步将新能源汽车发展战略提升到国家战略层面,汽车电动化的路线更加坚定。为达到《巴黎协定》中设定的防止全球变暖的目标,德国意识到 2030 年需要在全欧范围内实现所有汽车的零排放。2016 年,基于减排环保的考量,德国联邦参议院通过了 2030 年禁售柴油机车的命令,并力推在全欧范围内禁售化石

---

① "Green Technology-World Market Leader with Innovative Ideas", https://www.deutschland. de/en/topic/business/innovation-technology/green-technology-world-market-leader-with-innovative-ideas, 2012 - 12 - 19.

② Colin Crouch and Wolfgang Streeck eds., *Political Economy of Modern Capitalism*: *Mapping Convergence and Diversity*, London: Sage Publications, 1997, pp. 31 - 54.

燃料汽车。德国媒体预测,如果最后一辆化石燃料汽车被售出的话,这辆车最终停止上路还需要 20 年的时间。因此,2030 年这个时间节点正好契合了德国 2050 年削减二氧化碳排放量 80％至 95％的承诺。[①] 德国、法国、挪威、荷兰、英国、瑞典等国表示,在 2025—2040 年将推行全面禁售燃油汽车的政策,沃尔沃这样的车企更是高调宣布于 2019 年停产传统燃油汽车,转而生产混合动力车和电动汽车,并称"这一宣布标志着纯燃油汽车时代的结束"。[②]

（三）能源及气候领导地位的确立

自 2011 年以来,德国能源转型稳步推进,在可再生能源发展(尤其是太阳能和风能)领域处于领先地位,这归因于政府全面并且稳定的制度支持,以及国家重塑行为体相互协作的能力。通过国家监管推进可再生能源开发,确保各种行为体的广泛参与及协作关系,这种分散的自下而上的发展路径能够加强公众对可再生能源技术的接受度,也有助于扩大国内市场、工业增长和技术创新。德国比较政治学学者德特勒夫·扬(Detlef Jahn)在评估硫排放等 14 项指标的基础上,比较了 1996—2005 年间 21 个经合组织国家的环境绩效,提炼出环境机制指数、能源消费、能源组合(太阳能、风能、核能)、交通四大衡量因素,提出了环境主义的三个世界:奥地利、德国、瑞士、丹麦属于第一世界,环境绩效和环境机制得分最高。[③] 德国在全球环境和社会治理规则制定中的领导地位是其协调市场经济制度的自然延伸。

德国的环境监管政策催生了一系列可再生能源、二氧化碳排放控制,以及提升能源效率方面的技术创新。德国企业之间联系紧密,互通有无,这种紧密沟通被称为精英集群,尤其体现在最具竞争力的化工、汽车和电子设备和工程

---

① 《减排压力大:德国促全欧 2030 年禁售燃油车》,http://auto.21cn.com/zixun/hangye/a/2016/1011/10/31603909.shtml,2016-10-11。

② 《2018 汽车节能减排新趋势》,http://www.sohu.com/a/166177324_99942061。

③ Andreas Duit, *State and Environment: The Comparative Study of Environmental Governance*, Cambridge: The MIT Press, 2014, pp.81-109。

领域。值得注意的是,生态工业的兴起使得参与政治博弈的主体更加多元复杂,一定程度上平衡了生态现代化失败企业对政策的影响,但这些政策并非没有局限。其一在于,能源作为一种重要的生产资料,气候政策的实施会导致能源成本上升,使德国产品和国外产品相比丧失价格优势。因此,能源密集型企业往往会迁移到政策宽松、成本更低的地区。其二,在欧盟和国际层面,传统的能源密集型产业在德国占有重要地位,出于自身产业保护的目的,德国会寻求更低的节能减排条件,从而使生态现代化政策效果变差,同时也变得不全面。科技创新能带来相对的排放减少,但不能实现真正全面的减排。可以看出,德国生态现代化政策面临两点局限:高投资成本和有限的气候政策效果,而这可以通过寻求国际合作来缓解。各国如果都能制定更加严格的气候政策,气候目标就会更好达成。国际上应对气候变化的努力实际上有利于德国经济的生态现代化。2017 年 3 月 2 日,德国国家指定实体(National Designated Entity, NDE)将以为应对气候变化技术提供金融支撑为中心,举行气候技术转移工作组(Climate Technology Transfer Working Group)会议。在《巴黎协定》框架下,技术创新是国家实现长期发展目标的关键要素。气候友好型与环境弹性经济体必须继续推进创新和技术转移。因此,对于德国应对气候变化技术的开发者而言,将技术产品与发展中国家的需求匹配起来,进行互惠合作是其核心利益。①

　　德国政府希望通过多部门的联合资助计划把握能源研究的新趋势,在能源政策的重大问题上构建核心竞争力,并将为此建立一个“能源研究协调平台”,加强对有关能源研究活动的协调和统一。此外,该计划还强调了扩大国际研究合作的重要性,准备在欧盟范围内建立一个强大的研究工作网络。该研究计划的实施将为德国的能源供应转型提供先决条件,促使能源供应变得

---

① Climate Finance Workshop of the NDE Germany, https://www.nde-germany.de/en/news-events/detail/article/climate-finance-workshop-of-the-nde-germany, 2017 - 06 - 18.

更加环保、安全。总体来看,德国通过三种机制,确立了其在能源及气候领域的领导地位:第一,信息领导力。除了德国国内可以提供能源转型的信息之外,广泛参与能源转型计划的各国也会与其潜在追随者进行信息交流。第二,制度型领导。在当今可持续能源领域,大量的主要由德国发起的论坛和联盟的"规范性力量",主要依赖于共享认知资源和建设能力。在这些机构中,国际可再生能源机构(IRENA)被认为是德国在可再生能源领域建立领导力影响范围最成功的一次尝试。第三,结构型领导。作为第三个积极促进领导的因素,德国是通过向其潜在的追随者,特别是发展中国家实施激励政策,以促进其对可再生能源的采用来发挥结构性领导作用。①

为充分利用全球知识社会的潜力,德国联邦内阁于2017年2月1日通过了《教育和研究国际化战略》。该战略由德国联邦教研部(Bundesministerium für Bildung und Forschung, BMBF)牵头制定,阐述了未来如何确立德国教育、研究与创新系统的国际发展方向,涉及数字化、不断增加的全球知识和市场竞争、环境变化以及引发移民和难民的原因及其后果等,并提出相应的应对措施。战略首次将更加广泛地开展国际化职业教育和普通教育作为能够取得卓越科研成效的基础来考虑,并更加重视在欧洲范围内开展研究。② 由此可见,德国在国家创新体系的基础上,希望通过全世界的开放和合作巩固其作为研究和创新之地的地位。从长期来看,德国环保产业的发展依赖于全球市场需求,这种需求需要政策驱动,因此制定全球气候政策规则是德国绿色出口的重要前提。而绿色出口和发展所带来的投资又有利于德国能源需求结构的变革。③

---

① Karoline Steinbacher, Michael Pahle, "Leadership and the Energiewende: German Leadership by Diffusion", *Global Environmental Politics*, Vol. 16, 2016, pp. 70 - 89.

② 科技部:《德国联邦内阁通过〈教育和研究国际化战略〉》, http://www. most. gov. cn/gnwkjdt/201702/t20170214_130908. htm, 2017 - 02 - 14。

③ Rainer Hillebrand, "Climate Protection, Energy Security, and Germany's Policy of Ecological Modernization", *Environmental Politics*, Vol. 22, 2013, pp. 664 - 682.

三、美欧相对优势

既定的经济体并非只有某一特定类型的创新,而是不同的体制为创新提供不同的比较优势。美国政府历来重视基础性研究创新,旨在保持美国强有力的全球竞争力,但在减排领域的技术创新,美国落后于欧盟。自从二战后民用核能发展起来,美国经历了两次清洁能源创新的繁荣,但每次创新繁荣之后都有一次萧条。第一次繁荣是由私人投资驱动的,作为对 20 世纪 70 年代石油危机的反应。从 1973 年到 1980 年,联邦政府对能源技术研发的投入翻了四番,同时为可再生能源和化石燃料能源的技术创新提供资金。清洁能源创新的第二波投资高峰是由市场主体推动的。2000 年后,风险投资者将大量资金注入刚起步的清洁能源产业,但是起步阶段的企业大多失败了,还有一些只能勉强维持生存。两次短暂的投资繁荣表明政府投资和产业技术创新联盟的重要性。自 20 世纪 80 年代联邦政府能源技术研发投入下降以后,在太阳能、风能和核能利用方面的专利技术数量急剧下降。今天,尽管美国已经是世界上能源技术研发投入最高的国家,但能源研发投入与其他研发投入项目相比在总投入中所占比例渐渐减少。由于新能源产品进入市场至少需要数十年的时间,需要持续不断地投入科研资金,如果没有国家干预,这是不可能实现的。[①] 美国对可再生能源的研发投入远远少于航天和国防投入,在经合组织国家中较为落后(图 1)。

① Varun Sivaram and Teryn Norris, "The Clean Energy Revolution: Fighting Climate Change with Innovation", *Foreign Affairs*, Vol. 95, No. 3, 2016, pp. 147 - 156.

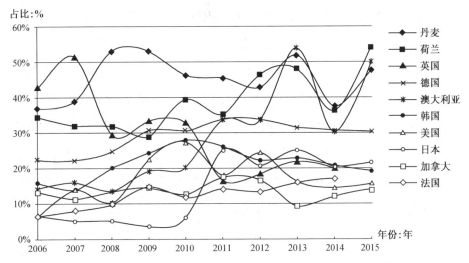

图1　可再生能源公共 RD&D 预算占能源公共 RD&D 百分比

资料来源：Green Growth Indicators：Economic opportunities and policy responses，OECD. Stat.

协调市场经济体的国家创新系统具备更强的渐进创新能力。渐进式的产品和过程创新，通常是在科学前沿领域，在既定的技术基础上，尤其是机械和化学。这些都是相对复杂的产品，涉及复杂的生产流程和售后服务以及长期客户联系。在既有产业领域内，德国在技术的改善和升级方面是领导者，但在电子、生物技术和新材料等新技术领域处于弱势。[1]

应对全球气候变化，技术创新应以减少温室气体排放为目标，而不是一味满足市场需求。激进创新不仅需要基础科学研究的进步，还要以技术的实际改善为目标。由市场信号为资源配置主要方式的自由市场经济体中，私人部门对基础科学研究的资源投入少，从而激进技术创新的驱动力不足。尽管自由市场经济体长期以来有着资金充足、高效而活跃的风险投资家，但风险投资促进创新的效率并不高，事实上风险投资只为符合市场需求的（主要是渐进性的）技术创新提供短期融资，而几乎无法提供激进技术创新所必要的稳定的私

---

① David Soskice，"German Technology Policy，Innovation，and National Institutional Frameworks"，*Industry and Innovation*，Vol. 4，Issue 1，1997，pp. 75 - 96.

人资本,自由市场经济体不得不依赖公共投资。① 尽管相较其他自由市场经济体,美国由私人部门参与技术研发的比例更高,但其研发主要还是由公共部门驱动。美国是世界上经济规模最大的高收入国家,且由于国防需要,研发投入也领先世界,但美国基础科技研发投入主要流向在国民经济中占重要地位的军事工业,而基础科学研究带来的非军事科技的进步只是这一过程的副产品。长期来看,通过这种方式推动科技创新的效率越来越低。在此基础上,美国国家创新体系产出减排技术的效率不会太高。② 2001/2013 年度,经合组织的统计资料显示,美国环境技术占世界发明总量的百分比分别为 22.4%、23.5%,落后于 OECD 中的欧洲国家(图 2)。

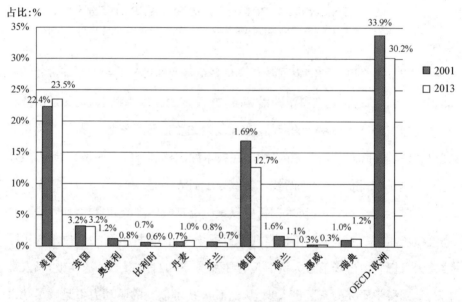

图 2　各国环境技术占世界发明的百分比

资料来源: Development of environment-related technologies, % inventions worldwide, Green Growth Indicators: Economic opportunities and policy responses, OECD. Stat.

---

① Masayuki Hirukawa and Masako Ueda, "Venture Capital and Innovation: Which is First", *Pacific Economic Review*, Vol. 16, Issue 4, 2011, pp. 421 – 465.

② John Mikler and Neil E. Harrison, "Varieties of Capitalism and Technological Innovation for Climate Change Mitigation", *New Political Economy*, Vol. 17, No. 2, 2012, pp. 179 – 208.

　　为了创造新的市场,公司期望政府能够把资金导向应对气候变化的技术研发,并且提供长期支持以不断提升技术目标,而不受成本收益制约。然而,美国渐进创新的资金来源于由短期收益主导的市场,自由市场经济体推动渐进创新的能力极为有限,企业财务安排注重当前的营利性,公司单方面的控制权集中在顶层,破坏了员工的安全感,反垄断法和合同法也阻碍了公司间关于渐进创新的合作。同时,流动的劳动力市场和较短的雇佣期限激励员工去追求个人职业目标,获得灵活的通用技能,而不是某一企业要求的或某一行业要求的特定技能。因此,自由市场经济体中的员工和企业都缺乏渐进创新的动力和资源。[①] 因此,自由市场经济制度能为激进创新提供相对优势,同时也会阻碍渐进创新。研发投入和技术创新是低碳发展的关键,但即使在公平竞争环境下,这些投资也不会自主发生,需要政府政策来鼓励对清洁能源技术研发的投资。由于偏向市场来协调经济活动,自由市场经济国家往往会延误渐进技术创新,除非消费者需求驱动的市场压力能够带来明显的短期利益。

　　欧盟拥有一流的高等学府和高素质的劳动力,以及大批投资机构。协调型市场制度赋予渐进创新优势,也成为激进创新的阻碍。欧洲的创新面临技术和结构两方面的障碍,规模过小的风险投资和严格的劳动法限制了当地的技术创新。例如,在公司领导层中的员工代表制与协商式决策制,使激进创新和改组难以实现。此外,较长的雇佣期限使员工学习新技能和公司劳动力结构调整变得比较困难。密集的公司联系网络也使突破性创新的传播缓慢而艰难,通过兼并和收购实现技术引进更是不易。所有这些方面都会阻碍激进创新,或者减少激进创新的潜在回报。[②] 总体来看,依托自由市场经济,美国激进创新成效显著,但减排技术创新较弱。相比之下,欧盟的协调市场经济制度在清洁技术创新领域具有明显优势。

---

　　① Mark Zachary Taylor, "Empirical Evidence against Varieties of Capitalism's Theory of Technological Innovation", *International Organization*, Vol. 58, No. 3, 2004, pp. 601 - 631.

　　② Ibid.

第四节　政府角色及行业规制

美欧政府在保障和鼓励商业领域的新兴科技进步方面扮演越来越重要的角色。政府倾向削减边缘性研究，转而保障创新成果能够被公司转化成商业成果。然而，美国和欧洲追求这些政治目标的方式存在极大不同。在欧洲，政府与社会都对发展进程保持开放的态度，拥有明晰的认识。政党竞争的焦点在于如何更有效率地实现这些发展计划。在美国，情况则恰恰相反，创新进程并未介入政治辩论或媒体，也未经公众讨论。[①] 1970 年代以来，公共机构和公共资金在技术创新过程中发挥了重要作用，美国政府通过大学或国防部，强力支持基础科学研究。国家干预的"发展型网络化国家"机制推动了美国的激进技术创新，促进了新技术商业化。实际上，美国联邦政府的角色完全不同于中央计划技术创新模式，它并无统一的规划，而是创立了一个由公共资金资助的实验室网络，国家介入是为了克服市场失灵。与之不同，协调市场经济关注的是技术变革下行为体权力关系的协商[②]，而美国的激进技术创新依旧在市场竞争的框架下进行。美国公司非常依赖公共资源进行创新。然而，市场原教旨主义思想使美国公司脱离了公众所期待的、与合作伙伴的互动。

与德国相比，美国采取的是"自由放任"式的绿色技术发展模式。国家没有设定任何可再生能源标准或能源效率目标，实现气候变化立法的努力也都没有结果。然而，在地方和州层面却引入了可再生能源组合标准（Renewable Energy Portfolio Standards，RPS）和绿色采购制度（Green Purchasing

①　Fred Block, "Swimming Against the Current: The Rise of a Hidden Developmental State in the United States", *Politics & Society*, Vol. 36, No. 2, 2008, pp. 169 - 206.

②　John Mikler and Neil E. Harrison, "Varieties of Capitalism and Technological Innovation for Climate Change Mitigation", *Politics & Society*, Vol. 36, No. 2, 2008, pp. 179 - 208.

Requirements)，也形成了区域碳排放交易体系。此外，虽然联邦层面没有在气候方面立法，但是建立了各种公私合作关系和研究项目来支持清洁能源和环境技术的发展，对于清洁能源和环境技术发展的资金支持力度也在增长。为了推进清洁能源生产，政府也做出了更大努力。例如，奥巴马在 2011 年国情咨文中设定了目标，要求清洁能源（定义为可再生能源、清洁煤炭和核能）的发电量应该达到 80%。[①] 奥巴马时期的世纪中叶脱碳战略提出了三种减少车辆排放的方法：提高燃油效率、发展低碳运输燃料和车辆、减少旅游需求。然而特朗普政府已经呼吁对修订后的公司平均燃油经济性标准进行审查，该标准是奥巴马政府制定的，要求每个汽车制造商在 2025 年的目标年里达到每加仑 54.5 英里。根据《2017 年能源展望》，由于新的 CAFE 标准，运输能耗将在 2018 年达到峰值，直到 2034 年开始下降。取消修订后的公司平均燃油经济性标准可能会导致交通方面能源需求的增加。[②]

　　全球创新领导力的竞争日益激烈，世界各国日渐意识到国家创新和研发战略对促进经济发展、提升企业竞争力的重要作用。已有 40 多个国家制定了国家创新战略并（或）启动了国家创新基金。信息技术和创新基金会（Information Technology and Innovation Foundation，ITIF）在对 56 个主要国家进行比较分析后发现，美国的创新政策只排到世界第 10 位（按人均水平计算）。尽管美国每年对科研的投资额仍为最高，但是在人均科研投资上，美国已下滑到经济合作与发展组织国家中的第 9 位，主要原因是联邦研发资金的削减。截至 2015 年，联邦研发投资额所占 GDP 比例已达近年来最低（自 20 世纪 50 年代至今）（表 4）。特朗普在竞选过程中对创新与研发领域的态度并不明确。在联邦研发投资、技术转让与商业化、初创企业及小型公司资助、专利系统改革等方面，特朗普

---

　　① Miranda A. Schreus, "Breaking the Impasse in the International Climate Negotiations: The Potential of Green Technologies", *Energy Policy*, Vol. 48, 2015, pp. 5-12.

　　② Christopher S. Galik, Joseph F. DeCarolis & Harrison Fell, "Evaluating the US Mid-Century Strategy for Deep Decarbonization Amidst Early Century Uncertainty", *Climate Policy*, Vol. 17, Issue 8, 2017, pp. 1046-1056.

均未有明确立场。不仅如此,他还表明了将主要投资用于应对现有挑战(如基础设施),而对面向未来的科学研究或任务(如空间相关研究)无明确立场。[①]

表 4　政府环境 R&D 预算占政府 R&D 百分比

	2005	2006	2007	2008	2009	2010	2011	2012	2013	2014	2015
美国	0.49	0.46	0.52	0.38	0.34	0.40	0.40	0.40	0.41	0.40	0.38
英国	1.84	1.76	1.91	2.82	3.02	2.99	3.01	2.80	2.83	2.34	—
奥地利	1.61	1.63	1.62	1.63	1.87	1.77	2.01	2.36	2.34	0.95	1.74
比利时	2.30	2.15	2.53	2.05	2.52	2.38	2.29	2.29	2.29	2.16	2.12
丹麦	1.68	1.63	1.87	2.39	2.56	2.00	2.04	1.88	1.59	1.60	2.11
芬兰	1.84	1.61	1.63	1.44	1.52	1.50	1.60	1.49	1.32	1.12	1.09
德国	3.45	3.12	3.15	3.03	2.89	2.76	2.70	2.86	2.78	3.07	3.11
荷兰	1.07	1.82	0.64	0.41	0.29	0.05	0.85	0.89	0.72	0.55	0.58
挪威	2.03	1.97	1.79	1.91	2.68	2.38	2.70	2.67	2.58	2.63	2.56
瑞典	2.21	1.75	1.39	1.47	1.85	1.76	1.94	1.94	2.08	1.92	1.48

资料来源:Green Growth Indicators:Economic opportunities and policy responses, OECD. Stat.

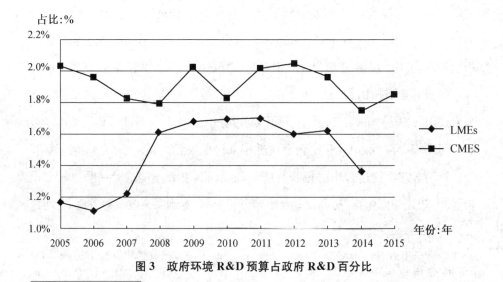

图 3　政府环境 R&D 预算占政府 R&D 百分比

---

① 艾瑞编译《八大技术与创新政策领域:特朗普所持的新立场》,中国科协创新战略研究院《创新研究报告》第 116 期。

　　美欧政府角色的区别不在于是否介入创新,而在于介入的机理。国家实质介入与激进创新的非市场驱动特征是互补的。气候变化成为自由市场经济的一个挑战,它需要长期投资,而私人行业只关注那些能够短期获益的技术。因此,政府对激进减排创新的财政支持不仅必要,而且期限应尽可能长,直到产品投入使用。①当新技术需要联邦政府赞助的数额较大时,美国的实验室网络并不能有效发挥作用。美国互联网高速宽带家庭连接速度难以提高充分体现了这一缺陷。美国政府完全让私人公司和家庭用户来承担连接费用,这使得美国家庭高速宽带连接的比例远远落后于东亚和欧洲一些国家,节能技术领域也是如此。美国能源部推出大量的节能技术,但行政部门长期未能拓展其使用规模,以减少经济对化石燃料的依赖。②表5显示,2008—2013年度,环境技术占所有技术的百分比中,美国落后于欧盟主要国家。美国改善其国家创新系统被认为已经迫在眉睫了。美国人需要认识到创新的目的不是生产极度流行的电子产品或网络服务,而是为了维持生产力和就业的增长,从而保障国民实际收入的增加。美国需要新的政策来使本国创新通过本国从业者,在本土上得以产生和壮大。而为了通过像弗朗霍夫研究所(Fraunhofer Institutes)这样的公私合作机构将革命性的技术发明转化为市场成果,美国需要做出改变。美国需要将对工人的技术培训视为其长期计划,训练不同教育层次的从业者使用新技术以提高生产力水平。③

---

　　① 艾瑞编译《八大技术与创新政策领域:特朗普所持的新立场》,中国科协创新战略研究院《创新研究报告》第116期。

　　② Fred Block, "Swimming Against the Current: The Rise of a Hidden Developmental State in the United States", *Politics & Society*, Vol. 36, No. 2, 2008, pp. 169 - 206.

　　③ Dan Breznitz, "Why Germany Dominates the U. S. in Innovation", https://www. tommasz. net/2014/05/28/why-germany-dominates-the-u-s-in-innovation/, May 27, 2014,2017年10月8日。

表 5　环境技术占比

国别 时间	美国	英国	奥地利	比利时	丹麦	芬兰	德国	荷兰	挪威	瑞典	CMEs	LMEs	OECD	世界
2008	11.94	10.46	12.57	9.24	21.57	11.30	13.10	9.08	15.53	8.17	12.57	11.20	10.50	10.16
2009	12.60	11.73	12.25	13.43	22.66	10.29	13.94	10.93	15.57	9.86	13.87	12.17	11.83	11.43
2010	12.64	12.33	13.85	12.30	25.03	13.75	14.40	11.24	13.44	10.60	13.04	12.49	12.26	11.88
2011	12.11	12.79	13.84	9.20	25.40	13.52	14.17	10.59	12.42	10.15	13.66	12.45	12.34	11.83
2012	11.97	12.27	14.14	9.15	23.19	12.04	13.49	10.26	11.75	10.47	13.06	12.12	11.83	11.29
2013	10.40	11.02	9.69	9.49	18.36	10.72	12.44	8.46	8.90	11.37	11.18	10.71	10.45	9.99

资料来源：Development of environment-related technologies，% all technologies，Green Growth Indicators：Economic opportunities and policy responses，OECD. Stat. （CMEs 根据英美平均数、LMEs 根据奥地利、比利时、丹麦、芬兰、德国、荷兰、挪威、瑞典八国平均数计算）

　　美国的行业技术优势集中于航空航天、制药、计算机领域，以德国为代表的欧盟国家行业优势集中于化工、机械、机动车等领域（表 6）。2017 年 3 月 16 日，美国预算管理办公室发布 2018 财年预算纲要《美国优先：让美国再次伟大的预算蓝图》（America First：A Budget Blueprint to Make America Great Again），概述了特朗普总统关于 2018 财年政府各部门的预算计划，呼吁大幅削减联邦科研机构的预算，并相应增加国防军备方面的预算。美国一直引领全球气候变化科学的研究前沿，并且是气候变化数据保存与收集方面的世界领袖。此次发布的预算蓝图对美国气候变化科学研究预算进行了大幅削减，这将对美国及全球气候变化科学研究界产生较大冲击，从而可能使气候变化科学研究受到影响。[1] 此外，由于特朗普政府对气候变化持怀疑态度，以及任命多位具有能源企业背景的内阁成员，势必造成美国国内气候变化怀疑论有进一步抬头的趋势，这无疑也使美国气候变化政策蒙上一层阴影。

---

[1]　The OMB of the White House，"America First-A Budget Blueprint to Make America Great Again"，2017.

相较于自由市场经济体,协调市场经济体的技术创新最可能出现在有利于节能减排的行业中。在行业减排规制上,美国偏市场,欧盟重协调。制度影响政策制定和实施的过程,自由市场经济体倾向于通过立法制定行业规范,一切遵循市场规则;而协调市场经济中,政府和公司合作更为密切,政府和业界通过高层会谈达成一致,从而制定行业规范。全球可再生能源投资持续稳步增加,2005—2015 年间,全球可再生能源发电产能翻了一番。欧盟清洁能源技术在全球发挥了主导作用,在可再生能源发电入网产能方面,欧盟为全球第二。2017 年 4 月 3 日,欧洲环境署(EEA)发布的题为《欧洲可再生能源 2017:近期的增长和连锁效应》(Renewable Energy in Europe 2017:Recent Growth and Knock-on Effects)的报告显示,2015 年,欧盟可再生能源在能源消费中的比重增长到了 16.7%,使其碳排放量较 2005 年减少了 10%,有望实现其2020 年可再生能源比重达到 20% 的目标。①

表 6 行业技术优势

	LMEs		CMEs		
	美国	英国	德国	日本	韩国
航空航天	1.35	1.50	1.18	0.43	0.09
制药	1.15	1.83	0.89	0.09	0.21
办公用品和计算机	1.11	0.60	0.23	1.24	1.84
广播、电视和通信设备	0.95	0.80	0.47	1.20	1.96
软件工程	1.13	0.72	0.31	1.16	0.81
化工	0.97	1.13	1.71	0.83	0.43
机械制造	0.93	0.74	1.27	1.10	0.52
电动机械	0.99	0.78	0.98	1.13	0.96
机动车	0.74	0.93	2.30	1.34	0.87

资料来源:Andrew Tylecote and Francesca Visintin, *Corporate Governance*, *Finance and the Technological Advantage of Nations*, New York:Taylor and Francis,2008,pp. 258 - 259.

———————

① 全球变化信息中心:《欧盟可再生能源比重增加使其碳排放量降低》,http://www.globalchange. ac. cn/view. jsp? id=52cdc0665b8fc36d015bb44b1e02000b,2017 年 4 月 28 日。

第四章　美德汽车业跨国公司减排差异

　　美国和德国分别作为自由市场经济和协调市场经济的典型代表,其汽车业跨国公司的减排是截然不同的,通过对比通用汽车公司、福特汽车公司、宝马公司和戴姆勒股份公司,可以发现,美国汽车业跨国公司的减排整体落后于德国。

第一节　问题的提出

　　全球环境问题日益突显,跨国公司不得不关注全球能源的形势以及消费者对环保的诉求。减排已经成为多数公司的必然选择,但在行动力度上却有显著不同。跨国公司何以进行减排? 学界有多种解释,如企业社会责任、生态现代化、后物质主义价值转向等。第一,企业社会责任。企业社会责任经常与其他术语相互转换,如企业发展可持续性、企业责任或企业公民身份等。尽管联合国环境规划署已经声明环境可持续性和企业社会责任是相互独立的领域,但它们在大多数文献和公司报告中都被认为是不可分割的。① 总体上,欧

---

　　① Ann Florini, "Business and Global Governance: the Growing Role of Corporate Codes of Conduct", *Brookings Review*, Vol. 21, 2003, pp. 4 - 8.

洲国家走在世界前列,一些国家制定了企业社会责任的国家战略,另一些将企业社会责任融合于国家可持续发展战略。20世纪90年代中后期以来,欧盟将可持续发展和企业社会责任列入重要的公共政策议程。欧盟委员会下设的企业和工业总司、就业和福利总司负责推动企业社会责任工作。第二,生态现代化。20世纪80年代,荷兰、德国、英国等国学者首先提出了生态现代化理论。该理论认为环境保护与经济发展之间应是协调的,强调经济增长和环境保护相互支持、相互促进;强调技术革新可以带来经济增长和环境保护的双重改善;建议作为市场促进者和保护者的政府更多地使用市场调节手段来实现经济发展与环境保护目标。许多研究显示,生态现代化实践越来越多地在西欧和东亚施行,但在美国却难以赢得支持,原因在于其新自由主义气候政策、国家与市场间的竞争关系、不利的立法体系。那些在生态现代化中持续取得成就的国家,大多建立了合作与法团主义的政治经济体系,它具备一种公司、政府与环境组织之间的合作文化。相比之下,市场原教旨主义思想使美国公司脱离了公众所期待的、与合作伙伴的互动。① 第三,后物质主义价值观。公司正逐步关注环境问题,这种非正式环境治理表明工业化国家的后物质主义价值观转向,即逐渐走出传统的左右之争,关注代际关系、种族和谐、人权与环境问题。这种转变提升了整个社会对环境问题的关切。后物质主义、后人类主义等都是这一转向的体现。与现代主义所倡导的人类对外部世界的控制不同,后人类主义表明左右翼政治分野的终结,倡导另外一种形式的自由与解放,强调人与世界之间的嵌入式关系,人类需要适应复杂关联的全球化世界。②

　　为实现低碳发展,公司需要节能减排,逐步使用清洁能源,提升市场竞争

---

① Arthur P. J. Mol, Frederick H. Buttel ed., *The Environmental State Under Pressure*, Emerald Group Publishing Limited, 2002, pp. 33 - 52.

② Anthony Giddens, *Beyond Left and Right: The Future of Radical Politics*, Cambridge: Polity Press, 1994, pp. 2 - 6.

力。许多跨国公司通过低碳战略确立了自己的竞争优势。然而,不同国家跨国公司的减排差异巨大,上述观点无法解释这种差异。实际上,减排并非公司一己之力可以实现,需要公司、市场、社会之间的协调,公司如何处理其所面临的协作问题,离不开所在的国家制度环境。资本主义多样性理论将发达资本主义国家分为自由市场经济和协调市场经济两种理想类型,它认为在任何一个国家的经济中,由于制度支持,公司都会被纳入协调模式中,这种制度支持是规范的产物,规范持续地产生一系列正式或非正式的规则,无论是出于规范的、认知的还是物质的原因,行为体通常都会遵循这些规则。① 这种制度上的差异决定了不同国家如何应对环境问题,特别是公司在多大程度上回应并采取行动。

第二节　美德汽车业跨国公司的减排差异

　　自由市场经济和协调市场经济两种类型经济活动的目的、国家在经济中的作用、公司治理结构等方面迥然不同:(1)自由市场经济中,个人最大限度地增进自我利益,公司最大限度地获得利润,不关心经济活动与社会福利的影响;除宏观经济政策外,国家在经济活动中的作用极为有限;公司治理以分立和总体缺乏协调为特征,产业和金融分立,资金成本高。(2)协调市场经济试图实现社会公平和市场效率之间的平衡。资方、工会和政府合作管理经济,国家在经济中发挥战略性作用,金融和产业的结合是德国公司治理中值得关注的特点,银行成为集聚足够的投资资金以加快工业化的主要途径。② 资本主

---

　　①　Peter A. Hall and David Soskice, *Varieties of Capitalism*:*The Institutional Foundations of Comparative Advantage*, Oxford:Oxford University Press, 2001, pp. 8 - 9.
　　②　[美]罗伯特·吉尔平:《全球政治经济学:解读国际经济秩序》,杨宇光等译,上海人民出版社2006年版,第136—153页。

义多样性理论将公司视为资本主义经济中贸易和生产的核心,公司成为分析研究的基本单位,而非国家。公司不是独立的行为体,其运作很大程度上依赖于其与劳工、投资者和其他公司间的关系,正是这些重要的关系解释了经济活动和政策制定的模式。①

　　跨国公司的基本制度结构受母国制度特征的影响,主要体现为母国对国内市场和生产关系的管理。美国公司仍然把重点放在市场力量的利益驱动上。美式资本主义一直被认为是股票市场资本主义(stock market capitalism),因为美国公司尤其倚重股权融资,通过扩大公司的所有权益,如吸引新的投资者、发行新股、追加投资等来实现。股东价值是公司的主要目标,多样化的投资者会寻求更高的短期回报。美国公司关注短期利益的最大化,依赖于在流动的金融市场中增加短期利益。在美国公司看来,社会活动家的分量一定比不上股东,即使股东表达出对于环境与社会责任的关切,其首要关注还是投资回报问题。总之,美国公司按照市场信号行事,最大化短期利益。相反,德国公司的所有权集中度高,多为法人持股,持股者主要为银行、基金会、其他公司或政府等,相较于自由市场经济下的美国公司,德国企业受短期金融市场震荡的影响较小。因此,德国企业遵循利益相关者资本主义模式,普遍顾及利益相关者的诉求,更具社会包容性地实施战略,包括加强外部利益相关者(如社会团体等)与内部利益相关者(如员工与其他相关企业)的联系。② 德国公司展示了一种与国家合作的倾向,这种合作包含了积极推动法规和监管目标的意愿。一般来说,自由市场经济趋向自由放任模式,企业主要通过市场来协调活动。而在协调市场经济中,企业行为并非仅由市场与价格信号决定,而是基于合作网络的国家—社会关系。美国文化中对政府的不信任是根深蒂固的,面对国

① Mark Zachary Taylor, "Empirical Evidence against Varieties of Capitalism's Theory of Technological Innovation", *International Organization*, Vol. 58, No. 3, 2004, pp. 601 - 631.

② John Mikler, "Plus Ca Change? A Varieties of Capitalism Approach to Social Concern for the Environment", *Global Society*, Vol. 25, No. 3, 2011, pp. 331 - 352.

家与市场之间的对立关系,诸如环境问题之类的社会关切只能通过慈善行为来实现。与其说企业重视社会责任,不如说它作为一种"装饰品"有助于实现企业盈利的核心目标。

跨国公司是全球经济中的重要行为体。自 20 世纪 90 年代以来,减排问题日益受到关注。跨国公司的减排规划在企业社会责任、可持续发展报告中越来越多地体现出来。汽车业减排是工业减排的重要支柱,更能直观反映出美欧跨国公司的差异,这里选取全球排名前 100 位的四家汽车业跨国公司,主要有通用汽车公司(General Motors Corporation,GM)、福特汽车公司(Ford Motor Company)、宝马公司和戴姆勒股份公司(Daimler AG)。通用汽车公司成立于 1908 年,是美国最早实行股份制和专家集团管理的特大型企业之一,尤其重视质量把关和新技术的采用,因而其产品始终在用户心中享有盛誉。凭借在电池、电动汽车和动力控制等方面的突破,通用汽车不断扩大其在汽车电气化领域的领先地位。同时,通用汽车还积极推进高效节能技术的进步,包括直喷技术、涡轮增压、六挡变速、柴油发动机以及优化空气动力学设计等。福特汽车公司是世界第一大卡车生产商,也是世界第二大汽车生产厂家,全球雇员 24.5 万,制造和装配业务的近 100 家工厂遍及全球,产品行销全球 6 大洲 200 多个国家和地区。戴姆勒股份公司总部位于德国斯图加特,是全球最大的商用车制造商、全球第一大豪华车生产商、第二大卡车生产商。宝马公司是巴伐利亚机械制造厂股份公司的简称,1916 年成立于德国慕尼黑,与菲亚特、福特、雷诺、劳斯莱斯相比显得年轻。总体上,这些公司虽然实现了全球化运营,但跨国性指数(TNI)①并非那么高,母国制度是公司行为的重要决定因素。

---

① 2009 年,通用、福特、宝马的跨国指数分别为 74,78,62,跨国指数为国外资产占总资产比率、国外销售占总销售比率、国外雇员占总雇员比率的平均值。陈琢:《跨国公司行为纠偏的生态指向》,人民日报出版社 2015 年版,第 28—31 页。

表7　美德公司海外资产额、销售额、雇员数(百万美元和雇员人数)

公司名称	TNI	行业	资产额		销售额		雇员数	
			海外	合计	海外	合计	海外	合计
通用汽车	74	机动车辆	442 278	697 239	74 285	163 391	164 000	319 000
福特汽车	78	机动车辆	75 151	96 714	42 002	55 563	76 943	139 814
宝马公司	62	机动车辆	70 679	87 146	28 619	34 428	182 149	220 000
戴姆勒公司	—	机动车辆	—	288 183	2 554 129	2 998 322	78 119	282 488

资料来源:World Investment Report 2010; Daimler Annual Report，2016.

一般来说,自由市场经济国家的公司通过市场协调经济活动。在选择市场协调经济活动时,根据市场信号做出决定,这些信号定义了短期的利润水平。在监管方面,更倾向放松管制,而不是国家指导和干预。协调市场经济中的公司具有更多的非市场合作关系来协调经济活动。决定其行为的不是市场和价格信号,而是基于合作网络的关系,以及公司内外部利益相关者之间达成的共识决策。它们将根据谈判达成的规则和标准,更有效地制定法规。[1] 在减排领域,公司治理结构与企业社会责任、国家监管与政企关系、市场信号是决定不同公司减排的重要因素。

一、公司治理结构与企业社会责任

企业社会责任的定位与其内部治理结构之间关系紧密。"股东至上"坚持资本所有权是其他权利的基础,实行"资本雇佣劳动"的单向治理结构。与此不同,利益相关者理论认为公司是所有利益相关者之间的一系列多边契约。[2] 在"股东至上"的公司治理结构下,公司必然以股东利润最大化作为唯一的经

① John Milker, "Framing Environmental Responsibility: National Variations in Corporations' Motivations", *Policy and Society*, Vol. 26, No. 4, 2007, pp. 67-104.

② R. Edward Freeman and William. M. Evan, "Corporate Governance: A Stakeholder Interpretation", *Journal of Behavioral Economics*, Vol. 19, 1990, pp. 337-359.

营目标和社会责任。随着利益相关者治理理论的兴起,公司的单边治理结构被多边的共同治理结构所取代,根据契约理论和产权理论,公司的治理结构是多方利益相关者通过谈判形成的。治理结构的内生性决定了社会责任也是内生的,它随着治理结构的改变而改变。[①]

美国公司将减排视为一种宣传或营销策略,而非公司的社会责任。如通用汽车公司年报中并没有对其社会责任的详细论述,福特汽车公司也是如此,在其年报中仅提到社会责任在网络时代可能给公司造成不良影响;而在其可持续发展报告中,同样缺乏对社会责任的具体表述,仅在发展战略综述中略有提及。[②]

德国公司体现了一种好的公民身份的概念,公共义务优先。戴姆勒公司认为其应当对世界各地社会环境的改善和不同文化之间的交流做出贡献,主要资助的企业社会责任项目集中在教育、科学、艺术和文化领域,并鼓励员工捐款、参与社会慈善活动。在其可持续发展报告中,戴姆勒公司用较大篇幅描述企业社会责任,主要分为促进科技和教育发展、改善交通安全、自然保护、支持艺术与文化交流、提供社区慈善承诺、增进文化间对话与理解以及公司志愿者项目。戴姆勒公司在其年报中表示:全面综合环保措施是其总体长期战略的一部分,也是公司的最高目标。公司的环境保护政策分为三个阶段:首先对环境保护问题中影响环境的潜在因素进行分析,预先评估生产过程和公司产品的环境影响,最后将这些结果纳入公司决策。2016 年,戴姆勒公司在环保事务上的支出达到 32 亿欧元,较 2015 年的 28 亿欧元有明显增长。其环保目标主要是减少能源消耗和废气排放,同时也关注从汽车制造到产品回收等一系列生产流程中各环节的环保事项。[③] 通用汽车公司的环保战略体现在技术和政策两个层面:一方面,在着力提高传统技术效率的同时,也推进节能减排

---

① 史亚东:《利益相关者共同治理与企业社会责任》,《公司治理评论》2010 年第 4 期。

② Daimler Sustainability Report 2016, p. 98; GM Sustainability Report, 2016; GM Annual Report,2016; Ford Annual Report 2016, p. 11; Ford Sustainability Report 2016, p. 3.

③ Daimler Sustainability Report 2016, p. 130.

技术的创新；另一方面，积极与政府监管机构合作、共同制定政策法规。[①] 不过，通用汽车公司在年报中并未披露具体的环保支出金额。它认为环境问题造成的损失难以具体估计，可以了解到的是，在 2015 年末，通用汽车公司在治理环境问题造成的亏损上花费约 1 亿到 2.1 亿美元。[②]

二、国家监管与政企关系

各大汽车公司在其公司年报中不同程度地都强调了国家监管的重要性。美国汽车公司倾向于没有约束、自由放任的市场和行业环境，企业与政府的互动主要以掌控行业标准的制定而不是建立伙伴关系为目标。通用汽车公司在对政府监管上的理念主要强调不同国家、部门间的监管协调。通用汽车公司在其 2016 年的可持续发展报告中强调应当与政府通过更紧密的合作使规则的实施更为有效。其中，通过积极参与美国环保署（Environmental Protection Agency，EPA）和国家公路交通安全局（National Highway Traffic Safety Administration，NHTSA）共同进行的温室气体与燃油积极标准测试，通用汽车公司试图将这两个机构的法规相协调，并致力于各个利益攸关方的持续对话以缩小监管条款和实际商业行为之间的差距。[③] 相比于通用汽车公司，在战略理念上，福特更加注重与政府在政策制定上的相互协调和可持续发展战略的整合进程。福特始终将与政府的关系视作可持续发展战略的一个外部变量，认为受越来越多的环保法规和能源标准以及空气质量、交通因素和能源安全等影响，汽车行业会加速替代能源的研发。不仅如此，福特还定期与立法和监管官员保持对话，分享专业知识甚至介入政策制定过程。在其可持续发展战略中，福特指出创建监管框架对于新能源汽车的发展而言是必要的，并且自身也承担起了政策倡议者的角色。具体看来，福特公司在设定减排目标、建立

---

① General Motor Sustainability Report 2016，p. 57.
② General Motor Annual Report 2015，p. 40.
③ GM Sustainability Report 2016，p. 58.

减排模式时已经考虑到了不同地区政府监管的区别,并将其引入预期结果的规化中。① 表面上看,美国公司相当重视政府乃至国际条约的监管,但其政企对话、知识共享并不能有效推进行业减排标准的提升。长期以来美国联邦政府和国会受到汽车业院外游说的影响,不时放松节油标准,多次反对提高公司平均燃油经济性标准的提案。② 美国政企间的这种游说—冲突式关系决定了汽车公司较低的行业减排标准。

欧盟汽车行业限制碳排放量的规定不是政府强加于厂商的,而是汽车业的共识。欧盟汽车行业和相关政府部门都认为,正是厂商自主提出的减排承诺以及政企协调为已经实现的碳减排目标做出了巨大贡献,并且二者应继续保持紧密的伙伴关系以实现更高的减排目标。③ 例如,宝马公司和戴姆勒公司都强调与政府、民间协会和各种团体进行公开对话与交流在实现可持续发展目标上的重要性,戴姆勒公司更是直接与政府决策部门、德国汽车工业协会(VDA)等保持长期交流,并且将视角扩大到了贸易政策、社会问题等方面。④ 在公司理念上,宝马和戴姆勒都非常强调协调各国家、各地区监管体系的差异,因为技术和标准上的区别可能导致车辆实际排放的误差,并认为跨国监管模式的多样性和缺乏统一标准将是对全球可持续发展战略一个根本挑战。⑤ 同样,戴姆勒公司也认为不同国家的监管模式应该在国际上进行统一、技术标准上尽可能相似,以避免出现重大偏差。⑥ 总体上,在欧洲大陆国家的协调市场经济模式下,政府与龙头厂商大多通过多轮谈判、协调、妥协,实现广泛的协

① Ford Sustainability Report 2016, pp. 3–15.
② Duncan Austin, et al., "Changing Drivers: The Impact of Climate Change on Competitiveness and Value Creation in the Automotive Industry, Sustainable Asset Management and World Resources Institute", 2003, http://pdf.wri.org/changing_drivers_full_report.pdf.
③ John Mikler, "Apocalypse Now or Business as Usual? Reducing the Carbon Emissions of the Global Car Industry", *Cambridge Journal of Regions, Economy and Society*, 2010, pp. 1–20.
④ BMW Sustainability Report 2016, p. 14; *Daimler Sustainability* 2017, pp. 85–86.
⑤ BMW Sustainability Report 2016, p. 31.
⑥ Daimler Sustainability Report 2017, p. 52.

调一致,也正源于此,欧盟逐步确立了在全球环境和社会治理规则中的领导地位。

三、市场信号与减排目标

自由市场经济下的消费者需求等市场信号是决定产品节油标准的首要因素,美国全行业平均节油标准的提高以及节油性能较高的机动车的生产销售,只能通过政府给予消费者补贴,而非制定行业规范的方式实现,经济收益始终是汽车厂商的首要考虑。美国汽车行业 2009 年的全行业平均节油标准与 1985 年相同,尽管如此,直到 1993 年美国汽车行业也没有达到这一标准。此外,在 2000 年以前,美国进口机动车的节油性能比国内产品更为优越,汽车业节油性能的提升部分是国外竞争者挤占市场份额的压力所致。实际上,相较于欧盟和日本,美国汽车厂商面临的国外竞争者压力更大,产品的本土市场占有率不到 44%。[1]

协调市场经济体中,公司行为并非完全取决于市场及价格信号,而是受众多内部和外部的利益相关者影响。1995 年,欧洲汽车制造商协会(Association des Constructeurs Europeensd' Automobiles,ACEA)在与欧洲交通运输部长会议(European Conference of Ministers of Transport,ECMT)的协商中自主承诺减少在欧盟内部市场销售的汽车碳排放量。欧盟汽车行业限制碳排放量的规定来自厂商自主承诺和宏观调控设立的最低目标相结合的合作调控。[2] 2013 年,欧洲谈判代表达成了《汽车温室气体减排协议》,要求汽车制造商各车型新车平均每公里二氧化碳排放量不得超过 95 克。该协议要求,各厂商 95% 的新车需在 2020 年达到这一减排目标,到 2021 年应全部达到目标。[3]

---

[1]　John Mikler,"Apocalypse Now or Business as Usual? Reducing the Carbon Emissions of the Global Car Industry",*Cambridge Journal of Regions*,*Economy and Society*,2010,pp. 1 - 20.

[2]　Ibid.

[3]　商务部:《欧盟达成汽车温室气体减排协议》,http://www. mofcom. gov. cn/article/i/jyjl/m/201312/20131200410007. shtml,2013 - 12 - 02。

就各公司 2016/2017 年度可持续发展报告来看,戴姆勒和宝马公司的减排目标显著高于福特和通用公司。

表8　各公司减排目标

目标年份 ＼ 公司品牌	戴姆勒	宝马	福特	通用
2020	NA	105 g/km	135 g/km	155 g/km
2021	100 g/km	NA	NA	NA

　　资料来源:Daimler Sustainability Report 2016, BMW Sustainability Report 2016, Ford Sustainability Report 2016/17, GM Sustainability Report 2016.

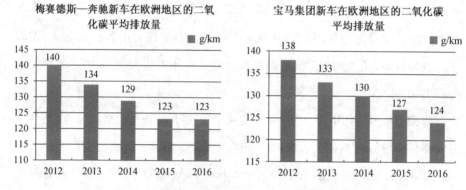

图4　戴姆勒和宝马公司新车的二氧化碳平均排放量
　　资料来源:Daimler Sustainability Report 2016, BMW Sustainability Report 2016.

　　2016 年,世界平均汽车二氧化碳排放量是 144 g/km(其中美国是 173,中国是144,欧洲约为100),较之 2015 年的 147 g/km 下降了 2%。从 2012 年到 2016 年,戴姆勒公司的梅赛德斯—奔驰系列汽车的平均二氧化碳排放从 140 g/km 降低到 123 g/km,降低了 12.2%。在 2015 年,这已经达到了欧洲新车排放要求(125 g/km)。根据新标准欧洲循环测试(New European Driving Cycle, NEDC)要求,戴姆勒公司准备在 2021 年将减排目标设定在 100 g/km 以内。从 2012 年到 2016 年,宝马集团旗下的新车品牌在欧洲的二氧化碳排放从 138 g/km 降低到了 124 g/km。其中销量最大的 28 款品牌排

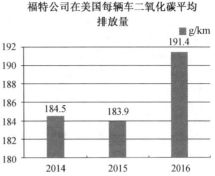

图5 福特和通用汽车公司每辆车二氧化碳排放量
资料来源：GM Sustainability Report 2016，Ford Sustainability Report 2016/17.

放量已经降至100 g/km左右。相比之下，美国公司汽车的二氧化碳排放量明显高于德国公司。福特公司在2016年每辆车平均每千米排放二氧化碳超过191克，较之2014年有所增加，但相比于2009年有所好转。排放增加的原因在于消费者更倾向于购买大型汽车。2016年，通用汽车公司每辆车平均每公里排放二氧化碳约为180克，较之2015年的192克有所下降，且从2010年开始处于大幅下降状态。总体上，美德公司汽车的平均排放量差异表明两国截然不同的企业与市场关系。美国公司易受市场信号影响，经济收益是主要考量标准。德国公司重在自主减排承诺及与利益相关者的多方协调合作。

从美德汽车业跨国公司的减排差异可以推及两国交通运输部门的能源消费情况。就交通运输能源消费占比（图6）来看，欧洲协调市场经济国家明显低于以美英为代表的自由市场经济国家。欧洲协调市场经济国家的绿色技术创新不断发展，交通运输业减排优势显著。这是由于，不同的资本主义市场经济体下，在制定汽车行业节省油耗和减少碳排放的标准时，美国政府倾向于通过立法制定行业规范，政府与市场界限分明。而协调市场经济国家在渐进地改善产品环保标准上，比自由市场经济国家更为领先。

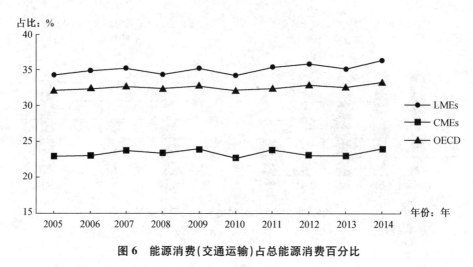

图6   能源消费(交通运输)占总能源消费百分比

资料来源:Green growth indicators:environmental and resource productivity,
OECD. Stat.

第三节   小   结

综上可以看出,发达资本主义国家中的跨国公司应对环保所面临的协作问题,受其所在国家的制度环境制约。美国跨国公司的环境治理整体落后于德国。一方面,美式自由市场经济支持市场竞争、反对共同协作。这些公司倾向于忽略减排问题,而重视那些能带来短期经济利益的因素,更关注由环境关切引发的、明确的市场波动。欧洲公司的行为并非仅由市场与价格信号决定,而是基于合作网络的国家—社会关系,制度支持对社会关切进行回应,这类国家更为重视更具深度的关系式协调(deeply relational coordination)这种非市场形式。在协调市场经济国家中,"名誉""立场"等概念的优先级更高。德国政府对于产业利益的支持,体现在公司对"优秀公民"(good citizenship)原则的践行之上。公共责任与私人关切是同等重要的。因此,公司存在的意义不仅是汇聚经济财富,也要服务于社会利益。[①] 另一方面,就全球环境治理来看,一刀切的政策是盲目而无效的,环境治理亟须针对不同国家、不同公司的举措。美国跨国公司的减排更具"漂绿"色彩,即使公司能够研发和提供更为环保的产品,前提必然是生产成本低,或者政府提供补贴。因此,改变消费者偏好与市场信号、游说政府,才能驱动公司实现减排。相较之下,德国公司兼顾公共利益与公司目标,积极回应社会关切。总体来看,协调市场经济中的公司会积极配合国家监管,并向政府提供政策建议,推动政策制定过程。

---

① Stewart R. Clegg and S. Gordon Redding eds., *Capitalism in Contrasting Cultures*, Berlin: Walter de Gruyter, 1990, p. 138.

第五章　美欧新自由主义的异同与
　　　　　气候政策走向

新自由主义经济政策的全球化催生了市场自由主义的气候治理方式,美欧气候政策总体上朝着市场化、金融化的方向发展。美欧的新自由主义趋同并不能掩盖二者之间的差异。美欧气候政策将会在现有资本主义多样性的基础上推进,突出表现是盎格鲁-撒克逊模式和欧洲模式,美国气候政策依旧从属于经济增长,欧洲重视气候政策与福利政策的协调。

第一节　北美和西欧的新自由主义趋同

1980 年代以来,美欧各国的财政危机日益加剧,凯恩斯主义在西方各国不同程度地被新自由主义取代,欧洲各国纷纷效仿英美,放松政府管制,实行经济自由化新政。无论是协调市场经济国家,还是在自由市场经济国家,随着政府推行旨在实行紧缩的各项改革,各项保障正在被削弱。加拿大学者约翰·彼得斯(John Peters)研究发现各国政府在 1990—2005 年间的政策大幅趋同,都引入财政紧缩措施,通过私有化、市场化和公私伙伴关系,对公共部门管理和运作进行实质性改革,导致了失业、劳动力市场的分割和公共部门劳动力的下降。① 资本主义正在步入一场深刻而持久的危机中。新自由主义弱肉强食的"市场原教旨主义"导致非正规雇佣劳动者数量的增加、贫富差距扩大、环境破坏等问题。美欧经济有着许多共同点：投资降低的趋势、欧洲许多国家公共和私人债务居高不下、经常收支失衡（尽管欧洲大陆整体上仍保持平衡）。②

　　2007年以来，美欧各国政府总负债占GDP比重、政府一般性支出占GDP比重不断增加，政府公共服务占GDP比重不断下降，社会保障支出占GDP的比重有小幅增加（表1）。公共服务支出是"生产性"部门的负担，而减税和新公共管理改革对经济增长是必要的。与此同时，党派和选民转向右翼，加上日益削弱的劳动力，使得政府重组公共部门的集体协商制度，并扩大"灵活就业"。主要体现是：③第一，债务和公共部门的财政紧缩。政府决策是通过资本对更好的盈利条件和生产率的需求来制定的。在经济放缓之后，资本寻求低通胀、工资限制和工资灵活性来改善经济增长。各国政府试图通过紧缩性财政政策、减少税收和平衡预算，为资本积累提供便利条件（表1）。

表1　GDP中的政府负债和支出比重及其变动

	政府总负债占GDP比重及其变动				政府一般性支出占GDP比重及其变动			政府公共服务和社会保障支出分别占GDP比重的变动	
	2007	2011	2016	2007—2016	2007	2016	2007—2016	2007—2015	2007—2015
奥地利	68.7	91.3	101.1*	32.4ᵃ	49.5	51.1	1.6	−0.8	2.2
比利时	93.8	110.4	127.5	33.7	48.2	53.4	5.1	−0.6	3.5

---

① John Peters, "Neoliberal Convergence in North America and Western Europe: Fiscal Austerity, Privatization, and Public Sector Reform", *Review of International Political Economy*, Vol. 19, No. 2, 2012, pp. 208-235.

② ［法］热拉尔·迪梅尼尔、多米尼克·莱维：《大分化：正在走向终结的新自由主义》，陈杰译，商务印书馆2015年版，第163页。

③ John Peters, "Neoliberal Convergence in North America and Western Europe: Fiscal Austerity, Privatization, and Public Sector Reform", *Review of International Political Economy*, Vol. 19, No. 2, 2012, pp. 208-235.

（续表）

	政府总负债占 GDP 比重及其变动				政府一般性支出占 GDP 比重及其变动			政府公共服务和社会保障支出分别占 GDP 比重的变动	
	2007	2011	2016	2007—2016	2007	2016	2007—2016	2007—2015	2007—2015
加拿大	70.6	89.1	99.4	28.8	39.5	41.6	2.1	n.a.	n.a.
丹麦	34.6	60.1	53.1*	18.5[b]	49.6	53.6	4.0	0.7	2.1
芬兰	39.1	57.5	75.9	36.8	46.8	56.1	9.3	1.8	6.4
法国	75.6	100.7	123.4	47.9	52.2	56.5	4.3	−0.8	2.9
德国	64.2	84.3	76.5	12.3	42.8	44.3	1.5	−0.1	0.2
意大利	110.7	117.9	156.4	45.7	46.8	49.6	2.8	−0.2	3.9
荷兰	48.5	72.0	75.8	27.3	42.5	43.6	1.2	−0.5	2.3
挪威	55.6	33.8	42.5	−13.1	41.4	51.1	9.6	−1.2	4.2
瑞典	46.1	45.6	51.7	5.6	49.7	50.0	0.3	−0.6	0.3
英国	51.4	103.3	123.1	71.8	41.3	42.1	0.8	0.3	2.0
美国	64.7	99.9	107.4	42.7	37.0	37.7*	0.8[c]	−0.4	1.1

数据来源：OECD（2017），Public Sector，Taxation and Market Regulation，Government at A Glance.

注释：1. 表格中数据单位为％，精确到一位小数；

2. 表格中＊表示2016年数据缺失，采用2015年数据近似处理；

3. [a]奥地利，2007—2015；[b]丹麦，2007—2015；[c]美国，2007—2015；n.a.，加拿大，数据缺失；

4. 按功能分的政府支出占 GDP 比重可得数据期间为2007—2015。

表 1.1　GDP 中的政府负债和支出的平均比重及其平均变动

	政府总负债占 GDP 比重均值及其平均变动				政府总支出占 GDP 比重均值及其平均变动			政府公共服务和社会保障支出占 GDP 比重的平均变动	
	2007	2011	2016	2007—2016	2007	2016	2007—2016	2007—2015	2007—2015
LMEs	58.0	101.6	115.2	57.2	39.1	39.9	0.8	−0.1	1.6
CMEs	57.9	71.6	78.5	20.3	45.6	49.4	3.9	−0.2	2.7
MMEs	93.1	109.3	139.9	46.8	49.5	53.0	3.5	−0.5	3.4

注释：1. LMEs，自由市场经济国家:英国、美国；

2. CMEs,协调市场经济国家:奥地利、比利时、加拿大、丹麦、芬兰、德国、荷兰、挪威、瑞典;

3. MMEs,地中海市场经济国家:法国、意大利。

由表1,2007—2016年间,各国政府总负债占GDP比重有较大幅度上升,政府负债相对扩大。在政府支出方面,一般性支出和社会保障支出占GDP比重有小幅上升,而政府公共服务支出占GDP比重有小幅下降,政府的福利职能相对扩张而公共服务职能相对减缩。挪威是一个例外,其政府总负债占GDP的比重有一定比例的下降,同时一般性支出和社会保障支出占GDP比重则有较为明显的上升。由表1.1,在将表中各国按照市场经济类型分类后不难发现,相较协调市场经济国家,自由市场经济国家和地中海市场经济国家政府总负债占GDP的比重有较大幅度的上升。特别是地中海市场经济国家,2007年其政府总负债占GDP的比重均值最大,而2016年仍然如此,政府的负债相对规模最大。

第二,生产力发展减缓、服务业的崛起。福利制度面临空前的预算压力,这主要与发达工业民主国家内部发生的一系列"后工业化"变化有关,服务业在富裕社会的就业结构中越来越起主导作用。服务业在生产力方面一般无法与制造业相提并论,特别是劳动密集型服务业。在所有发达的工业经济体中一直存在一种大规模的稳定的就业结构转移,从效率越来越高的制造业转向相对停滞的服务业。全面经济增长的减缓抑制了工资薪金的增加,而福利制度的收入在很大程度上依赖工资薪金的增加。从长期来看,就业机会的增加不是来自做得较好的行业,而是来自做得较差的行业。在美国经济中,餐饮服务和零售也创造了大量就业机会。生产力水平发展迅猛的产业将越来越多地失去就业就会,而不是获得就业机会。[1]

---

[1] 〔英〕保罗·皮尔逊编《福利制度的新政治学》,汪淳波、苗正民译,商务印书馆2004年版,第124—127页。

表 2　劳动力的产业分布情况以及出口、经常账户余额占 GDP 的比重

	2016 年各产业劳动力占总劳动力的比重[a]			出口占 GDP 的比重[b]		经常账户余额占 GDP 的比重[c]	
	第一产业	第二产业	第三产业	2008	2016	2008	2016
奥地利	4.3	25.6	70.1	53.2	52.3	4.5	2.1
比利时	1.3	21.3	77.5	79.7	82.9	−1.0	0.1
加拿大	1.9	19.2	78.9	34.3	31.0	0.1	−3.2
丹麦	2.5	18.5	79.0	54.2	53.6	2.9	7.3
芬兰	3.9	22.1	74.0	45.1	35.6	2.2	−1.4
法国	2.8	20.1	77.1	27.4	29.3	−1.0	−0.9
德国	1.3	27.4	71.3	43.5	46.1	5.6	8.3
意大利	3.9	26.1	70.0	27.0	29.8	−2.8	2.7
荷兰	2.1	15.1	82.8	71.6	82.4	5.0	8.5
挪威	2.1	19.4	78.5	45.9	34.1	15.8	3.9
瑞典	1.9	18.1	80.0	49.8	44.3	7.9	4.4
英国	1.1	18.4	80.5	26.8	28.3	−4.6	−5.8
美国	1.6	17.5	80.9	12.5	11.9	−4.6	−2.4

数据来源:[a] OECD (2017), Labor, Labor Force Statistics; [b] OECD (2018), Trade in goods and services (indicator); [c] OECD (2018), Current account balance (indicator).

注释:1. 表格中数据单位为%,精确到一位小数;

2. 表格中"经常账户余额占 GDP 比重"为负数,则该国该年经常账户赤字,该指标则对应衡量该赤字占 GDP 的比重。

表 2.1　劳动力产业分布及出口、经常账户余额的平均比重及其变动

	2016 年各产业劳动力占总劳动力的比重			出口占 GDP 的比重		经常账户余额占 GDP 的比重	
	第一产业	第二产业	第三产业	2008	2016	2008	2016
LMEs	1.4	17.9	80.7	19.7	20.1	−4.6	−4.1
CMEs	2.4	20.7	76.9	53.0	51.4	4.8	3.3
MMEs	3.4	23.1	73.6	27.2	29.6	−1.9	0.9

美欧先进工业化国家,实现了从福特主义(大批蓝领工人的商品大生产)

到后福特主义生产方式的转变：商品大生产对劳动力的需求越来越少。高新技术行业正在蓬勃发展，它们通常规模很小，雇佣工人也相对较少，职位增加主要来自服务部门。由表2，各国劳动力集中分布于第三产业，其占比均值达到约77%，而第一产业劳动力所占比重相对最小，占比均值约为2%。考察2008—2016年间各国出口占GDP比重的变化情况，不难发现对多数国家而言这一指标出现小幅下滑，其中芬兰和挪威的下滑幅度最大，在10%左右。考察这一时期内各国经常账户余额的变动情况，比利时、丹麦、德国、意大利和荷兰的经常账户余额相对扩张，而其他国家的经常账户余额比重有所降低。值得注意的是，对应大幅下滑的出口比重，芬兰的经常账户的相对盈余也大幅缩水；尽管丹麦的出口相对比重小幅降低，其经常账户相对盈余却有较大幅度的扩张。由表2.1，自由市场经济国家劳动力分布集中于第三产业的现象最为明显，地中海市场经济国家的第一产业劳动力比重则最高。出口在协调市场经济国家的国民经济中占比最大，但2008—2016年间有一定幅度下滑；这一比重在自由市场经济国家和地中海市场经济国家中则均有一定幅度的上升。协调市场经济国家经常账户平均而言呈现盈余，但期间盈余有所缩水；自由市场经济国家和地中海市场经济国家在2008年平均呈现赤字，但期间赤字有所改善，后者的经常账户赤字甚至实现了向盈余的转化。

　　第三，公共部门的私有化、市场化和外包。旨在重组公共部门劳资关系、引入工资削减和弹性就业的广泛改革是私有化、公私合营和外包。公共部门的谈判破裂，兼职和临时就业增加。在北美和西欧，政府广泛实施了"新公共管理"原则，强调公共部门议价结构的分散化，通过奖金和绩效工资的形式扩大个体化的薪酬，以及临时、兼职就业的增长。政府允许服务提供者和部门削弱就业保护，并赋予管理者更大的自由裁量权、人员配备和解雇权，使薪酬和就业条件更符合当地市场条件、组织要求和员工个人表现变化。但最常见的结果是公共部门工资的降低，工作时间的延长，以及低工资就业形式的制度化。

表 3　产品市场监管与就业保护立法力度指数及其变化

	产品市场监管力度及其变动[a]			就业保护立法力度及其变动[b]		
	2008	2013	2008—2013	2008	2013	2008—2013
奥地利	1.37	1.19	−0.18	2.44	2.44	0
比利时	1.52	1.39	−0.13	2.99	2.99	0
加拿大	1.53	1.42	−0.11	1.51	1.80	0.30
丹麦	1.34	1.21	−0.13	2.27	2.32	0.05
芬兰	1.34	1.29	−0.05	2.17	2.17	0
法国	1.52	1.47	−0.05	2.87	2.82	−0.05
德国	1.40	1.28	−0.12	2.84	2.84	0
意大利	1.51	1.29	−0.22	3.03	2.89	−0.14
荷兰	0.96	0.92	−0.04	2.93	2.94	0.01
挪威	1.54	1.46	−0.08	2.31	2.31	0
瑞典	1.61	1.52	−0.09	2.52	2.52	0
英国	1.21	1.08	−0.13	1.76	1.66	−0.10
美国	1.59	1.59	0	1.17	1.17	0

数据来源:[a] OECD (2013), Product Market Regulation;[b] OECD (2013), Indicators of Employment Protection.

注释:1.[a] 取值范围为 0(无监管)～4.5(完全监管);2.[b] 该指标为对解雇个人行为的规范力度(权重:5/7)与规范解雇团体行为的附加条款力度(权重:2/7)的加权平均,版本为第三版,取值范围为 0(无保护)～6(完全保护)。

表 3.1　产品市场监管与就业保障立法力度指数及其变化

	产品市场监管力度			就业保障立法力度指数		
	2008	2013	2008—2013	2008	2013	2008—2013
LMEs	1.40	1.34	−0.06	1.46	1.42	−0.05
CMEs	1.40	1.30	−0.10	2.44	2.48	0.04
MMEs	1.52	1.38	−0.14	2.95	2.86	−0.10

由表 3,2008—2013 年间多数国家的产品市场监管(product market regulation)力度有所下降,仅美国维持不变。而其中降幅最大者为意大利。

考察各国的就业保护立法（employment protection legislation）力度变化情况，其间半数以上国家的该项指标没有发生变化。此外，加拿大的就业保障立法力度增幅最大，丹麦、荷兰也有小幅上升；最大降幅再次在意大利出现，英国、法国的该项指标也有一定程度的下滑。由表 3.1，按照国家市场经济类型分类后，三类国家的平均产品市场监管力度在 2008—2013 年间均呈下降趋势。自由市场经济国家和地中海市场经济国家的平均就业保障立法力度有一定幅度的下降；与其相反，其间协调市场经济国家则强化了就业保障立法。由于意大利两项指标的降幅均最大，地中海市场经济国家两项指标的下降幅度也居三类国家之首。

第二节　美欧新自由主义的差异

新自由主义的发展呈现一个抛物线型发展轨迹，在 20 世纪 80 年代处于上升阶段，90 年代中期左右处于平坦阶段，之后进入下降阶段。[①] 在欧洲大陆和北欧，新自由主义的影响从未达到美英出现的"海啸"般的面积。欧洲秩序与美英新自由主义之间存在很大距离，欧洲工业领域的管理者虽然超越了战后的妥协方案而与资本家走到了一起，但他们并未完全放弃自身的领导力。管理网络的持续存在和金融统治的相对弱势便是证明。以德国和瑞典为代表，欧洲同时具有新自由主义金融取向和新管理主义工业取向。[②]

一、新自由主义的分化

2008 年经济危机让学界和政界均开始质疑新自由主义是否还能继续发

---

① Vivien A. Schmidt and Mark Thatcher, *Resilient liberalism in Europe's Political Economy*, Cambridge University Press, 2013, p. 80.

② ［法］热拉尔·迪梅尼尔、多米尼克·莱维：《大分化：正在走向终结的新自由主义》，陈杰译，商务印书馆 2015 年版，第 100、143—145 页。

挥应有的作用。正是在这种对新自由主义的质疑之中,美欧出现了明显分化,
具体体现在经济增长态势、经济自由度、创新能力、南北欧差异等方面。

第一,经济增长态势。自2009年中期开始,美国重新实现了稳定增长,尽
管幅度还很小,但开启了一种不经历剧变而走出危机的可能性。这得益于美
国经济体的三大特征:低薪水、工作流动性和页岩天然气。与其他老牌资本主
义国家相比,美国的劳动成本和能源成本较低,这大大增强了工业企业和出口
的竞争力。与作为模板的盎格鲁-撒克逊式自由主义相比,欧洲具有相对的自
主性,北欧与南欧之间的发展模式差异巨大。

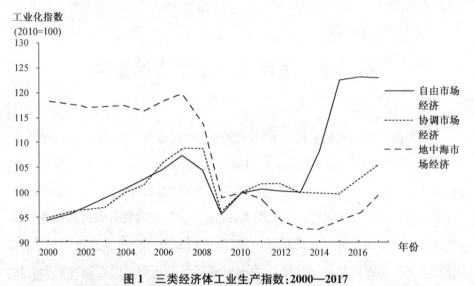

图1 三类经济体工业生产指数:2000—2017

单位:工业生产指数(指数,2010＝100);包括制造业、采矿业、能源行业等,但不包
括建筑业。

数据来源:OECD(2018),Revisions Analysis Dataset:Index of Industrial
Production, https://stats. oecd. org/Index. aspx? querytype ＝ view&queryname ＝
207#.

这种差异可以通过工业生产指数来说明,工业生产指数(Industrial
Production Index)是相对指标,衡量制造业、矿业与公共事业的实质产出,衡
量的基础是数量,而非金额。该指数反映的是某一时期工业经济的景气状况

和发展趋势。工业生产指数是反应经济周期变化的重要标志,可以以工业生产指数上升或者下降的幅度来衡量经济复苏或者经济衰退的强度。工业生产指数稳步上升表明经济处于上升期,对生产资料的需求也会相应增加。2000—2008 年间,自由经济体的工业生产指数相对较低,2009 年之后,却稳步上升。以美国为例,美国经济在 2013 年之后出现了强势反弹,2014 年工业生产指数为 111.7,2015 年为 110.6,之后趋于稳定。欧洲协调市场经济国家的工业生产指数在 2009 年降到最低点,平均值为 96.1,之后缓慢上升,2017 年为 105.5。2008—2014 年间,地中海市场经济国家的工业生产指数均值直线下滑,2008 年为 113.9,2014 年为 92.6。

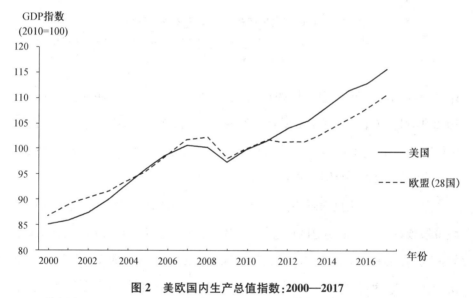

图 2 美欧国内生产总值指数:2000—2017

数据来源:OECD(2017), Gross Domestic Product (GDP), https://stats. oecd. org/WBOS/index. aspx (accessed on 10 Sep. 2018).

2008 年,美欧出现了短暂衰退,但从 2009 年开始,重新实现了稳定增长,一个新的经济周期的轮廓开始出现。2008—2010 年间,欧洲经济在危机后的回归只是昙花一现。鉴于私人和公共债务带来的重负,某些国家在进入衰退期的同时还可能面临一场金融危机。2008 年下半年开始,几乎所有欧洲的实

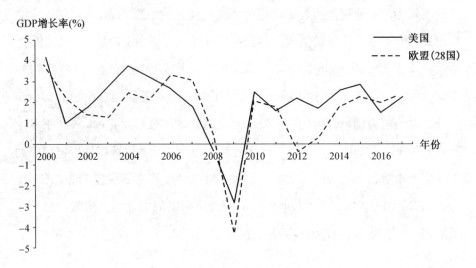

图 3　美欧国内生产总值增长率：2000—2017

数据来源：OECD(2017)，Gross Domestic Product (GDP)，https://stats. oecd. org/WBOS/index. aspx (accessed on 10 Sep. 2018).

体经济部门都受到金融危机的冲击，房地产和建筑业最为明显。2009 年、2012 年，欧盟 GDP 出现了负增长。2009 年，欧盟 GDP 增速下降为－4.3％，美国为－2.8％。2013 年之后，仍然徘徊于较低水平。欧洲的消费、投资、贸易"三驾马车"均表现惨淡，失业人口急剧上升。

　　第二，经济自由度表现不同。经济自由指数从四个影响经济自由的广泛政策领域对一个国家或地区进行综合评估，这四个政策领域分别是法治、政府规模、监管效率和市场开放性，涵盖财产权、司法效能、廉洁程度、税负、政府支出、财政健康、商业自由、劳动自由、货币自由、贸易自由、投资自由和金融自由等 12 个具体指标。2008 年金融危机加剧了保护主义运动，主要体现为强制实行进口配额，征收关税，强加技术及环境标准，扶持本国出口企业，限制部分原材料出口等，这些做法并不局限于贸易层面，也影响了直接投资。2014 年，美国传统基金会(Heritage Foundation)和《华尔街日报》发布的经济自由指数(Index of Economic Freedom)显示，全球经济自由度触及创纪录的水平，均得分为 60.3(百分制)，美国排位下滑到了第 12 位。在连续七年下降后，美国已经跌出经济自由度最高的前 10 个国家之列。欧洲的排名状况正在发生变化。包括德国、瑞典、格鲁吉亚和波兰在内的 18 个国家经济自由度排名触及新高。相比之下,希腊、意大利、法国、塞浦路斯和英国的排名则低于 20 年前该指数首次公布时的水平。那些经济自由度降低的国家或地区面临着经济停滞、高失业率和社会状况恶化的风险。[①]

表5　各国经济自由指数的构成及其变化

	经济自由指数及其变动*			商业自由指数		货币与金融自由指数均值		税收负担与政府支出自由指数均值		投资与贸易自由指数均值	
	2008	2018	2008—2018	2008	2018	2008	2018	2008	2018	2008	2018
奥地利	68.2	68.9	0.6	80.9	75.5	75.7	76.9	38.3	34.7	78.0	88.5
比利时	73.2	67.7	−5.5	93.7	80.6	80.2	76.3	30.9	28.1	88.0	86.0
加拿大	80.1	77.3	−2.8	96.7	81.8	80.5	78.8	64.6	64.5	78.5	84.1
丹麦	75.9	72.5	−3.4	99.9	92.5	88.3	83.2	27.4	26.0	88.0	88.5
芬兰	76.0	73.3	−2.7	95.2	89.9	84.3	83.0	46.7	34.4	78.0	86.0
法国	66.8	64.9	−2.0	88.0	80.2	75.6	75.8	33.2	25.0	70.5	78.5
德国	72.5	74.7	2.3	89.9	86.1	70.7	78.1	46.2	51.3	83.0	83.5
意大利	66.2	66.3	0.1	77.0	70.3	70.3	69.1	41.9	39.7	75.5	86.0
荷兰	77.3	74.6	−2.7	88.0	80.5	88.5	83.8	44.9	45.8	88.0	88.5
挪威	68.4	70.4	2.0	89.1	90.4	63.1	67.0	48.3	42.8	73.1	81.5
瑞典	69.6	72.7	3.1	95.6	89.3	81.4	81.9	18.3	33.6	83.0	86.0
英国	78.7	79.2	0.5	90.8	91.1	85.4	82.6	50.7	54.8	88.0	88.5
美国	80.5	77.2	−3.3	92.6	82.7	81.9	79.3	64.1	60.8	83.4	85.9

数据来源:Heritage Foundation (2018),Index of Economic Freedom.

注释:1. 因为 2008 年财产权、劳动自由、财政健康与司法效能数据不可得,从表中略去;

2. * 该指数是商业自由指数、货币自由指数、金融自由指数、税收负担指数、政府支出指数、投资自由指数与贸易自由指数等七个经济自由指数的均值。

---

① Heritage Foundation,Index of Economic Freedom,2014.

表 5.1　各国经济自由指数均值、构成及其变化

	经济自由指数均值			商业自由指数		货币与金融自由指数均值		税收负担与政府支出自由指数均值		投资与贸易自由指数均值	
	2008	2018	2008—2018	2008	2018	2008	2018	2008	2018	2008	2018
LMEs	79.6	78.2	−1.4	91.7	86.9	83.6	81.0	57.4	57.8	85.7	87.2
CMEs	73.5	72.5	−1.0	92.1	85.2	79.2	78.8	40.6	40.1	82.0	85.8
MMEs	66.5	65.6	−0.9	82.5	75.3	73.0	72.5	37.5	32.3	73.0	82.2

由表 5,2008—2018 年间各国经济自由指数均值小幅下降,均值降幅为1.1。在构成经济自由指数的诸项中,商业自由指数的下降最为明显,货币与金融自由指数的均值以及税收负担与政府支出自由指数均值较为稳定,投资与贸易自由指数均值则有较大幅度的上升。比利时、丹麦和美国的经济自由指数均值下降幅度超过 3.0,其商业自由指数下降幅度都接近 10,但投资与贸易自由指数均值出现下降或上升不明显。德国、挪威和瑞典的经济自由指数均值则有较大幅度的上升,其商业自由指数仅小幅下降,而德国、挪威的税收负担与政府支出自由指数均值以及挪威的投资与贸易自由指数均值成为其各自经济自由指数均值的主要增长点。由表 5.1,地中海市场经济国家的平均经济自由指数均值最低,而自由市场经济和协调市场经济具备了最高的经济自由水平,但以美国为代表的自由市场经济体的相对优势在下降。美国经济自由度下滑,主要是因为政府规模庞大、税负沉重、债务扩张、福利负担过重和监管过度等。自 2008 年全球金融危机以来,美国经济一直处于微弱复苏状态,就业市场缺乏活力,投资疲软。在 2017 年度指数中,美国仍延续了以往令人沮丧的下滑趋势。

第三,各国创新能力差异。自由市场经济体擅长通过激进创新来引领市场,协调市场经济能够更好地支持渐进创新。总体来看,美英与西北欧国家都处于全球创新的最前列。欧元区货币统一之后,分割市场的统一为欧洲经济

扫清了一大障碍,但变革的经济利益更多地被竞争力强大的北欧国家获得:借由统一货币,德国出口获得了低估货币的支持,出口与贸易顺差一路上扬。同时,南欧国家搭便车获得低息资金,国内需求旺盛,为其巨大的贸易逆差融资。这一组合在全球经济繁荣的时期,使南欧、北欧都获得了不错的经济成长,付出的代价是南欧国家居高不下的政府债务与外债。面对外部挑战,欧洲经济迅速丧失在全球经济中的份额。这种情况要求欧洲经济必须在创新上有所突破,才能在高端产业赢得生机。2009年年底欧债危机爆发以来,欧盟一直声称采取稳定和增长两大措施应对危机,主要路径就是加大科技创新和提高劳动者素质。但是,各国专注于扶持没有竞争力的国有企业、没有对僵化的劳动力市场进行改革、放任过时的福利与医疗体系、疏于改革自身庞大臃肿的政府机构以致低效的监管禁锢了民间经济创造就业与增长的能力。

表6　欧洲各国国家创新绩效评分与创新能力类型变化

	国家创新绩效评分		国家创新能力类型	
	2010	2016	2010	2016
丹麦	139.5	136.7	领导型[a]	领导型
德国	127.1	123.4	领导型	领导型
芬兰	136.1	130.9	领导型	领导型
瑞典	141.3	143.6	领导型	领导型
荷兰	119.1	129.5	追随型[b]	领导型
英国	113.6	125.3	追随型	领导型
奥地利	112.5	121.5	追随型	追随型
比利时	119.6	120.9	追随型	追随型
法国	106.4	109.2	追随型	追随型
挪威	101.1	115.8	追随型	追随型
意大利	75.4	75.1	有限型[c]	有限型

数据来源:European Commission, European Innovation Scoreboard, 2017.

注释:国家创新能力类型根据 European Innovation Scoreboard 标准, [a] Innovation Leaders, [b] Innovation Followers, [c] Moderate Innovators.

表 6.1　欧洲各国国家创新绩效平均评分及其变化

	2010	2016	2010—2016
LMEs	113.6	125.3	11.7
CMEs	124.5	127.8	3.2
MMEs	90.9	92.2	1.3

由表 6,根据 European Innovation Scoreboard 标准,2010 年欧洲各国创新能力类型多为追随型,而 2016 年主要类型为领导型。各国创新绩效评分的均值也有一定上升,由 117.4 分上升到 121.1 分。然而丹麦、德国、芬兰、意大利的创新绩效评分有不同程度的下降,各国均值的上升主要由荷兰、英国、奥地利和挪威拉动。另外,按照创新能力区分国家类型,2010 年多数国家是追随型,而 2016 年超过半数的国家按照创新能力被划分为领导型。其间,荷兰和英国由创新追随型国家变为创新领导国。由表 6.1,不难发现协调市场经济国家的创新绩效平均评分最高,但在 2010—2016 年间上升幅度有限;地中海市场经济国家的创新绩效平均评分最低,其间上升幅度也不大;而自由市场经济国家(仅英国)的创新绩效评分则有较大幅度的上升。

第四,南北欧差异。所谓的"欧猪五国"(葡萄牙,爱尔兰,意大利,希腊,西班牙,PIGS)正遭遇着紧迫的经济危机,即使像法国这样经济相对坚挺的国家,也面临着前所未有的债务危机。2011 年底,希腊政府债务占 GDP 的比重超过 150%,意大利超过 120%,葡萄牙与爱尔兰也超过了 100%。而欧洲主权债务危机爆发的直接原因,恰好是由于市场认为南欧国家居高不下的政府债务水平难以为继,导致南欧国家不能继续以较低利率发债融资,从而面临债务违约风险。降低政府债务占 GDP 的比率,是南欧国家彻底摆脱债务危机困扰的最重要任务。尽管进行了许多改革,但政府债务和失业率依然居高不下,经济依然陷于衰退之中。尽管欧盟、德国、欧洲央行使用了各种治疗方案,但主权债务危机依然肆虐。低息贷款的稳定作用正在减弱,欧洲潜伏的债务危机危险日增,许多问题依然未找到解决方案。南欧国家要想彻底摆脱债务危机困扰,在短期内实施大规模财政紧缩的做法是不可取的,它们应该尽快实现财政支出结构的转变,并承诺在较长的时间维度内降低财政赤字与政府债务。毕竟,政府债务问题最终只能通过经济增长来解决。受欧债危机影响,南欧国家企业当前面临严重危机,企业破产有蔓延趋势。南欧国家企业破产的主要原因是企业融资面临巨大困难。首先,南欧国家采取了一系列财政紧缩政策,导致企业贷款难度不断升高;其次,因为欧洲总体经济形势恶化,客户支付能力出现问题,致使企业难以及时收回资金。

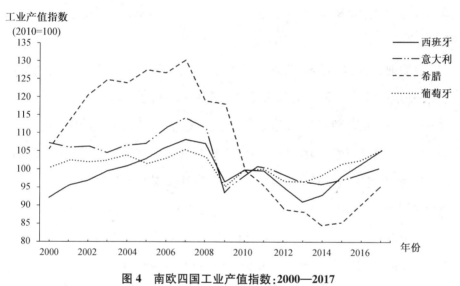

图 4　南欧四国工业产值指数:2000—2017

数 据 来 源:OECD(2017), Productivity, https://stats. oecd. org/Index. aspx? DataSetCode=PDBI_I4.

2008 年以前,西班牙、意大利、希腊、葡萄牙的经济都保持了持续增长,希腊和西班牙的增长相比之下是强劲的,明显比德国和法国更快。2008 年以后,希腊出现了断崖式下跌。西班牙在 2013 年之后缓慢增长。南欧国家中,西班牙和希腊危机尤其体现在工业崩溃上。图 4 显示了南欧四国的工业产值指数,可以观察到 20%～30% 的跌幅。可以看出,危机前的高速增长和危机来临时的迅猛下跌(尤其是工业领域)之间存在着联系。当一个经济体像西班牙那样发展得非常快的时候,所有企业的现代化节奏不可能保持一致。工业生产的巨大跌幅与缺乏竞争力的行业相对占多数有关。南欧四国的工业产值指数自 2008 年开始,一直趋于下降,这是由南北欧不合理的经济结构所致。希腊、葡萄牙、意大利和西班牙的经济结构集中于纺织业和旅游业,德国集中于机械制造/汽车等高科技产业,瑞典集中于制药、电子、电信等技术密集型产业。欧盟利用这种专业化分工来提高整体的竞争力,强制以自由协定的方式破坏弱国"弱而全"的产业结构,迫使其按照与强国的产业结构相配套的要求重构自身的产业结构,牺牲了弱国的经济自足能力,导致其生产力长期停滞不前。[①]

以德国、瑞典为代表的北欧国家经济增长良好,政府债务可控,与南欧国家的国内生产总值下降形成鲜明反差。德国和瑞典通过新自由主义措施(如减税以刺激国内消费)和干预措施(如失业保险和临时就业补贴)等政策渡过了危机。两者差异在于,在经济层面,瑞典侧重对科技、创新产业和中小型企业的扶持,而德国侧重对基础设施的投资;在社会层面,瑞典致力于降低所得税和增加中央政府对地方的补贴,通过积极的劳动力市场和工作安全委员会来促进就业;德国注重维持当前就业,通过短期就业补贴等方式保障就业率。[②] 两国的协调市场经济体制决定其政策导向更接近自由主义和各种非自由主义要素的混合,坚守各自的工业发展,而非激进的自由化。这一点可以通过德国的工业主义和法国的金融化来进一步解释。德国并不是一个涨速远高于法国的高增长国家。2003—2010 年间,德国和法国十分接近。德国是个工业大国,工业占国内生产总值的比重长期以来一直高于法国。同时,德国的贸易顺差及其所体现的超强出口能力也明显优于法国。原因在于:第一,在新自

---

① 沈尤佳、张嘉佩:《福利资本主义的命运与前途:危机后的思考》,《政治经济学评论》2013 年第 4 期。

② Vivien A. Schmidt and Mark Thatcher, *Resilient Liberalism in Europe's Political Economy*, Cambridge University Press, 2013, pp. 346 - 370.

由主义全球化趋势下,法国选择了发展金融机构,德国却依然坚守自己的工业阵地。[①] 在对外直接投资领域的不同做法是两国经济轨迹差异的第二个因素。法国的投资大量涌向金融领域,德国资本优先流向工业制造和控股管理公司。德国重工业和管理,法国重金融。法国自 20 世纪 90 年代开始走上金融全球化之路,其结果是法国对外贸易直线下降。第三,在资金流向的地理位置上,法国主要投资南欧金融业,而德国投资东欧制造业,与它本土的工业息息相关。[②] 这是两国在 21 世纪最初十年里各自工业产值出现差异的核心原因,也是德国贸易顺差和法国贸易赤字上升的根源。德国懂得如何在盎格鲁-撒克逊式新自由主义面前保持独立,而金融优先的法国盲目进入了赌局之中,这一选择带来了灾难性后果。[③]

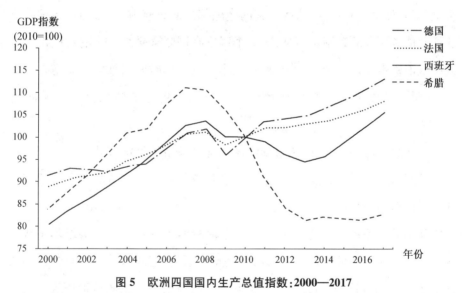

图 5　欧洲四国国内生产总值指数:2000—2017

数据来源:OECD (2017), Gross Domestic Product (GDP), https://stats. oecd. org/WBOS/index. aspx.

①　〔法〕热拉尔·迪梅尼尔、多米尼克·莱维:《大分化:正在走向终结的新自由主义》,陈杰译,商务印书馆 2015 年版,第 102 页。

②　〔法〕热拉尔·迪梅尼尔、多米尼克·莱维:《大分化:正在走向终结的新自由主义》,陈杰译,商务印书馆 2015 年版,第 108—109 页。

③　〔法〕热拉尔·迪梅尼尔、多米尼克·莱维:《大分化:正在走向终结的新自由主义》,陈杰译,商务印书馆 2015 年版,第 109 页。

二、资本主义多样性的延续

　　美欧新自由主义趋同并不意味资本主义多样性的消失。就不同类型资本主义在国际层面的互动来看,托本·艾弗森(Torben Iversen)和大卫·索斯凯斯认为协调市场经济和自由市场经济在国际上的相互依存为新出现的全球失衡问题提供了结构偏好。凭借其出口导向型增长的制度能力,许多协调市场经济往往在经常账户上出现盈余,而自由市场经济关注需求导向的增长,却经常出现贸易赤字。利用协调市场经济的盈余,把它们投入自由市场经济或地中海市场经济体中,反过来,允许后者维持由需求导向增长模式引发的贸易赤字。这种趋势在具有以下特点的国家尤其明显:在国际上有庞大且重要的金融部门,如美国和英国,这些国家的金融部门向政府施压,目的是要求政府放松对债务融资的管制。而且,这两个国家在国际金融交易中的关键作用是鼓励抵消资本流入,这使得其能够在相当长的一段时间内维持贸易逆差。因此,在国际层面上一些自由市场经济和协调市场经济体维持一种共生的关系。①

　　相比之下,欧元区的协调市场经济和地中海市场经济彼此存在类似的不对称关系,地中海市场经济体比自由市场经济体在控制通货膨胀和单位劳动成本时面对的困难更大。欧元危机暴露了一个多层级政治组织内国家与超国家之间的紧张关系。在这种多层级治理体系中,没有任何一个层级具备解决这次危机的政策手段。货币政策仍然是超国家的,但成员国政府有各自不同的财政制度、福利制度和劳动力市场制度。在由谁来承担调整责任这一问题上,不同国家之间存在利益冲突。这些冲突表现为债权国与债务国之间的紧

---

① Torben Iversen and David Soskice, "Modern Capitalism and the Advanced Nation State: Understanding the Causes of the Crisis", in Nancy Bermeo and Jonas Pontusson eds., *Coping with Crisis*, New York: Russell Sage Foundation, 2012, pp. 35 - 64.

张关系,或者欧洲经济和货币联盟核心国家与外围国家之间的紧张关系。[①]
由于欧洲是一个异质化大陆,西北欧、南欧、东欧的情况不能一概而论,如德国
对外贸易盈余和法国外贸赤字的上升,以及南欧国家的债务危机等。欧盟坚
持不仅要削减预算赤字,还要进行广泛的结构改革,旨在减少国家在经济中的
作用,使劳动力和商品市场更具竞争力。实际上,欧盟似乎试图把地中海市场
经济转引向自由市场经济体系,重点是降低劳动力及其产品的成本。对资本
主义多样性分析的一个简单解释是:自由市场经济一般比地中海市场经济表
现得更好。但是,这种观点对资本主义多样性理论的解释过于肤浅。如果结
构性改革主要集中在降低劳动力成本,它可能只是鼓励企业培养低工资形式
的生产,这会抑制创新或生产力的提高,最终导致生活水平低下。在一个低成
本生产商面临来自新兴市场的日益激烈的竞争中,这似乎不是一个有前景的
战略。[②]

　　无论协调市场经济国家,还是自由市场经济国家,随着政府推行旨在实行
紧缩的各项改革,各项保障正在被削弱。左派(进步性政党、社会运动、福利国
家制度等)的主流制度经历了一次大规模的削减,在这些国家,主要的“中立”
或“进步”政党都渐渐右倾。国家政策旨在削弱劳动者的地位并决定性地改变
了社会力量的平衡,使其有利于资本家阶级。新自由主义这一术语被广泛使
用,大卫·哈维视其为一项“阶级工程”,该阶级工程是在 20 世纪 70 年代的危
机中联合形成的,使那些旨在恢复和巩固资产阶级权力的严厉政策获得了合
法性。新自由主义的一个关键特征就是利用国家权力来保护金融部门的利
益。新自由主义首先考虑作为货币的资本,因此其优先考虑的也是资本的流

---

　　① 〔爱尔兰〕艾丹·里根:《欧洲资本主义多样性中的政治紧张关系:欧洲民主国家的危机》,陈
凤娇译,《国外理论动态》2015 年第 7 期。
　　② Peter A. Hall, "Varieties of Capitalism in Light of the Euro Crisis", *Journal of European
Public Policy*, Vol. 25, No. 1, 2018, pp. 7 - 30.

通而不是生产流通。①

在西方国家发生以上错位的同时,当左翼被经济变化所淹没,无法与新自由主义思想的力量相抗衡时,自由市场经济国家显得尤为独特。美国社会关系的结构特征是社会等级金字塔顶层各组成部分之间的密切关系,美国对于资产阶级利益的抑制远没有欧洲那么激烈,由于经理人和官员不愿采取激烈措施抑制资本所有者的利益,这种特权联系可能在短期内发挥作用,从而延缓变革。总体而言,社会发展趋势是社会等级顶层的一种新妥协的建立,这种妥协是一种中右而非中左的社会安排。②

表 17　五国收入最高的前 10%人口年收入占比(D10)变化情况:1986—2015

	1986	1992	1995	1997	2000	2004	2007	2010	2013	2015
波兰	21.11	22.06	25.38	27.25	26.09	28.24	26.38	25.8	25.62	23.9
美国	24.2	27.6ᶜ	29.7ᵈ	30.5	30.4	30.2	30.7	29.4	30.2	n.a.*
英国	22.8	26.4	26.0	26.7	27.9	27.8	28.0	26.9	26.2	25.2
法国	27.3ᵉ	22.8ᶠ	23.0	23.0	22.4	24.5	26.3	27.2	25.3	24.6
德国	22.7	23.8	24.4	24.0	23.7	23.9	25.6	24.4	23.7	23.6

数据来源:UNU-WIDER, World Income Inequality Database (WIID3.4).

注释:1. *该年份数据缺失;

　　　2. ᶜ美国,1991;ᵈ美国,1994;ᵉ法国,1984;ᶠ法国,1989。

由于占据全球霸权地位而不受对外贸易平衡制约,以及美元的国际货币地位,美国将商品生产的国际化进程推进到了前所未有的水平。这些机制包括两方面。一方面,美国国内经济的积累率呈下降趋势。另一方面,消费需求的增长导致进口呈上升趋势,同时贸易赤字不断增加。这些趋势导致的一个后果是,美国产能的正常利用以及相应的增长率水平不得不以国内需求的强

---

① 〔英〕詹森·海耶斯等:《资本主义多样性、新自由主义与 2008 年以来的经济危机》,海燕飞译,《国外理论动态》2015 年第 8 期。

② 〔法〕热拉尔·迪梅尼尔、多米尼克·莱维:《新自由主义的危机》,魏怡译,商务印书馆 2015年版,第 375—376 页。

大刺激为代价来维系。这种刺激建立在家庭负债激增的基础之上，从而加剧了与此相对应的住宅投资需求，这一结果只有以具有风险的金融创新为代价才能实现。朝向金融化和全球化的整体转向，以及世界其他地区金融机构与政府的合作，为家庭负债的大幅增加提供了所有必要的前提条件。[①] 以金融资本为主导的制度使受惠于资本收入和高收入者同遭盘剥的工薪阶层尤其是最弱者之间的收入差距加大。今天的不平等结构出现了一种全新现象，而且它在美国尤为明显（表 17）：就业界出现了一些"超级巨星"，他们的薪金高达数百万美元，并强调自己的高薪是对其非凡工作的回报，而不是对资本的回报。过高薪酬——它们会变成食利收益的现象还表明，一种精英至上主义病症正在美国蔓延开来。一些人可能会用这样一种说法来为高薪酬辩解：它能使那些白手起家的新贵与那些继承了万贯家财的人相抗衡。这种说法等于是要在上了福布斯排行榜的遗产继承者和年薪达数百万美元的高盛公司员工之间搞个竞赛。问题是那些既没有财产可继承又没有高工资的 90% 的普通人将被完全排除在这一竞赛之外，他们往往被视为需要救济的人。[②]

欧洲同时具有新自由主义金融取向和新管理主义工业取向，两种方案体现为欧洲企业家圆桌会议（European Round Table of Industrialists，ERT）和欧洲金融服务圆桌会议（European Financial Roundtable，EFR）。在 2013 年欧洲企业家圆桌会议的 53 名成员中，没有一家金融机构。欧洲金融服务圆桌会议的 21 名成员都来自欧洲银行业和保险业，他们是真正的欧洲新自由主义派。当前，欧洲正面临经济和生态上的双重危机，欧洲并不会完全屈服于新自由主义的逻辑，而是要打破金融霸权，重夺工业管理自主权。[③] 在欧洲，金融

---

① 〔法〕热拉尔·迪梅尼尔、多米尼克·莱维：《新自由主义的危机》，商务印书馆 2011 年版，第 26—27 页。

② 雷米·热内维等主编《减少不平等——可持续发展的挑战》，潘革平译，社会科学文献出版社 2014 年版，第 53 页。

③ 〔法〕热拉尔·迪梅尼尔、多米尼克·莱维：《大分化：正在走向终结的新自由主义》，陈杰译，商务印书馆 2015 年版，第 100、143—145 页。

业并不像盎格鲁-撒克逊模式那样,占据等级体系中的高位,非金融企业之间的联系更为直接。欧洲的横向管理网络保留了显著的国家特色,尤其是在德国和法国,并开始向整个欧洲大陆拓展,引领这一趋势的是西北欧企业。欧洲企业家圆桌会议在欧洲企业之间扮演了重要的中间人角色,确保了欧洲大陆范围内的协调沟通。[①] 欧洲大陆市场经济模式不同于英美模式之处主要在于:混合经济体制特征明显;注重市场机制和国家调节(或计划)的结合;强调社会福利、社会保障和公平。面对新自由主义的冲击,欧洲越来越多的国家政府面临合法性危机,欧盟不得不正视贫困与两极分化问题,"社会市场经济"观念再次凸显,以实现包容与团结。20 世纪 90 年代末至 21 世纪的新自由主义在欧洲逐渐发展成为社会民主(social-democratic)新自由主义。[②]

第三节　美欧主导下的新自由主义全球气候治理

　　20 世纪 70 年代以来,西方新自由主义进程逐步加速,这一理念直接塑造了 20 世纪 80 年代的联合国可持续发展议程,并深刻影响着之后的全球气候治理进程,被称为新自由主义环境主义或市场环境主义。市场环境主义认为经济增长和收入增加是实现人类福利和可持续发展的基本前提,环境恶化的主要原因在于贫穷、市场不健全和政策失败。[③] 1987 年,受联合国委托,以挪威前首相布伦特兰夫人为首的世界环境与发展委员会(World Commission on

---

　　① 〔法〕热拉尔·迪梅尼尔、多米尼克·莱维:《大分化:正在走向终结的新自由主义》,陈杰译,商务印书馆 2015 年版,第 98—101 页。

　　② Vivien A. Schmidt and Mark Thatcher, *Resilient Liberalism in Europe's Political Economy*, Cambridge University Press, 2013, pp. 124 - 127.

　　③ Jennifer Clapp and Peter Dauvergne, *Paths to a Green World*, The MIT Press, 2011, pp. 3 - 14; Ian Gough, "Carbon Mitigation Policies, Distributional Dilemmas and Social Policies", *Journal of Social Policy*, 2013, Vol. 42, pp. 191 - 213.

Environment and Development，WECD）的成员们把经过 4 年研究和充分论证的报告《我们共同的未来》提交联合国大会，正式提出了"可持续发展"的概念和模式。"可持续发展"被定义为"既满足当代人的需求又不危害后代人满足其需求的发展"，是一个涉及经济、社会、文化、技术和自然环境的综合的动态的概念。该概念从理论上明确了发展经济同保护环境和资源是相互联系、互为因果的观点。1992 年通过的《联合国气候变化框架公约》以"成本效益"和"经济增长"为基础，提出应对气候变化的政策和措施应"以最低成本确保全球效益"。此外，它认为，"缔约方应合作促进一个支持性的和开放的国际经济体系，从而使所有缔约方，特别是发展中国家缔约方都能实现可持续的经济增长和发展，从而更好地解决气候变化问题"[①]。《京都议定书》是第一个建立在全球市场方案基础上的国际气候协议。从《京都议定书》《哥本哈根协议》到《巴黎协定》的三个阶段的发展进程中，国家监管的作用逐步弱化，市场的重要性日益提升，非国家和次国家行为体扮演越来越重要的角色。新自由主义严重侵蚀了西方民主政治的基础，加剧了经济和生态危机，削弱了国家的综合治理能力，但新自由主义范式的主导地位并没有改变。

一、新自由主义气候治理的核心特征

《京都议定书》以来的气候治理框架是由美欧发达国家主导的市场自由主义发展和管制模式，本质上是经济自由主义者有意识的自我调适。这种模式将气候治理的主体推向市场和企业。用于解决气候危机的各种手段，实际上就是"购买"适应和减缓措施，如碳交易、碳定价、碳税等。即使迫于压力进行改革，也不过是在新自由主义的框架内适度补偿弱势群体。[②] 新自由主义全

---

　　① UNFCCC，"United Nations Framework Convention on Climate Change"，1992，http：//unfccc. int/files/essential _ background/background _ publications _ htmlpdf/ application/pdf/conveng. pdf.

　　② Ian Gough，"Carbon Mitigation Policies, Distributional Dilemmas and Social Policies"，*Journal of Social Policy*，Vol. 42，2013，pp. 191 - 213.

球气候治理通过《蒙特利尔议定书》《巴塞尔公约》《联合国海洋法会议》和《联合国气候变化框架公约》等制度加以推行。主要体现是：[①]

第一，坚持自由主义的正义原则。作为财产权的正义原则主张个人自由胜过所有其他社会和政治理想，不涉及分配正义问题。自由主义正义观强调权利优先于善，尊重个人权利是个体的第一美德。自由主义正义观的个体权利主体将自身从他人以及社会中抽离出来，既没有看到世界相对于个体存在的先验性，又没有看到他人和社会对个体生活的塑造作用，也没有看到权利观点的德性基础。[②] 在自由主义正义原则的基础上，环境问题的历史差异和结构性不平等在很大程度上被忽略，代之以人人负责的话语和制度框架。减排责任被认为由所有行动者共同承担，而不是基于"污染者付费"原则，让众多国家和非国家行为体承担责任，以弥补"新自由主义国家退出承担社会义务后留下的真空"[③]。

第二，依赖市场和私营部门。西方主流学者提出了市场化的解决方案，将气候变化视为一个与市场相关的问题，主要根源在于产权不清晰和市场缺失，因而主张建立一个资本主导下的自由市场框架，具体措施包括碳税、碳交易等将外部性内化的市场化解决方案，以及以地球工程为代表的技术创新方案。自从英国前首相撒切尔夫人（Margaret Thatcher）宣布"别无选择"以来，西方的经济政策就是由服务于金融市场利益的技术专家制定的，他们声称这些利益将惠及民众。随着市场的扩张，经济理性和私人收益成为气候治理的主要目标。《巴黎协定》确立了碳市场作为履行减排义务的关键政策工具地位。相对于税收或直接监管而言，碳市场是最有效、因而也是最具成本效益的减排策

① David Cipleta, J. Timmons Roberts, "Climate Change and the Transition to Neoliberal Environmental Governance", *Global Environmental Change*, Vol. 46, 2017, pp. 148-156.

② 黄其洪、蒋志红：《论马克思对自由主义正义理论的批判》，《当代中国价值观研究》2017年第1期。

③ Ronen Shamir, "The Age of Responsiblization: on Market-Embedded Morality", *Economic and Society*, Vol. 37, No. 1, 2008, pp. 1-19.

略,因为价格发现是通过供求关系的相互作用产生的,而供求关系影响到企业在设定的排放上限内降低排放的能力。边际减排成本较低的企业可以比成本较高的企业更有效地减少排放,将未使用的排放额度出售给污染严重的企业,从而实现额外的经济收益。[①]

第三,倡导透明化和信息共享,信息披露已经取代其他形式的监管行动。透明化原则是新自由主义环境治理的核心组成部分。全球环境治理的透明化实践源自 2009 年《哥本哈根协议》(Copenhagen Accord)和 2010 年《坎昆协议》(Cancun Agreements)关于各国控制碳排放量的"承诺与审查"机制(Pledge and Review)。2013 年华沙气候变化会议上提出的国家自主贡献预案(Intended Nationally Determined Contributions,INDCs),正是在 UNFCCC 管理体制下典型的"自下而上"的以国家为信息公开主体,各缔约国自主制定应对气候变化的减排目标,做出减排承诺,提交气候报告并披露相关信息的机制。这一机制在 2014 利马气候变化大会上得到明确,并对应予以公开的基本信息进行了规定。《巴黎协定》确立了适用于所有缔约方的"增强透明度框架"(enhanced transparency framework),但提供了"内在灵活性",以顾及缔约方的不同能力。[②] 此外,还有私人部门和公民社会的参与,如公私合作、企业为主的自愿性信息公开机制、采掘业透明化行动计划(Extractive Industry Transparency Initiative,EITI)和全球报告倡议组织(Global Reporting Initiative,GRI)的自愿性环境信息公开。

第四,气候决策的主体从联合国转移到双边和小范围协定。在新自由主义的影响下,全球环境治理逐渐从最初的包容性多边主义转向双边主义和小多边主义。2009 年 3 月美国主导的"经济大国能源与气候论坛"(Major

---

① Kate Ervine, "How Low Can It Go? Analysing the Political Economy of Carbon Market Design and Low Carbon Prices", *New Political Economy*, Vol. 23, No. 6, 2018, pp. 690-710.

② Radoslav Dimitrov, Jon Hovi, Detlef F. Sprinz, Håkon Sælen, Arild Underdal, "Institutional and Environmental Effectiveness: Will the Paris Agreement Work", *WIREs Climate Change*, 2019, pp. 1-12.

Economies Forum on Energy and Climate,MEF)正式启动以来,MEF 通过频繁召开高规格的国际会议,转移各国对于其长期以来消极对待全球应对气候变化合作的视线,企图逃避其亏欠全球的责任,转而通过捆绑中国等发展中排放大国,主导全球应对气候变化行动。①《巴黎协定》第 6 条正式规定了小多边主义,允许各国通过国际排放合作伙伴关系(如"Climate Clubs")建立自己的自愿合作联盟。尽管 UNFCCC 进程仍将就如何核实、遵守和协调减排和财政承诺展开辩论,但最有意义的决定可能会在远离联合国会议中心的地方做出,即在于作为双边和多边伙伴关系的一部分国家之间。虽然这一制度可能会激发更具政策抱负的贡献,但这些相对非正式的承诺和伙伴关系可能极易受到国家领导层变化的影响。② 因此,这一阶段代表着排他性双边主义(exclusive bilateralism)和最小多边主义(minilateralism)的制度化,体现了国际气候治理决策方式的重大转变。

二、新自由主义全球气候治理的演变

新自由主义全球气候治理的发展可分为三个阶段:《京都议定书》阶段,这一阶段以国家监管为主,辅之以市场手段;《哥本哈根协议》阶段,这一阶段没有法律约束,以自愿治理为主;《巴黎协定》阶段,这一阶段同样没有法律约束,而是提出了"非缔约方利益攸关方"(non-Party stakeholders)这一概念,推崇非国家行为体基础上的混合多边主义(hybrid multilateralism)。③

---

① 高翔、徐华清:《"经济大国能源与气候论坛"进展及其前景展望》,《气候变化研究进展》2010年第 4 期。

② David Cipleta, J. Timmons Roberts, "Climate Change and the Transition to Neoliberal Environmental Governance", *Global Environmental Change*, Vol. 46, 2017, pp. 148 - 156.

③ David Held and Charles Roger, "Three Models of Global Climate Governance: From Kyoto to Paris and Beyond", *Global Policy*, Vol. 9, 2018, pp. 527 - 537; Karin Bäckstrand, Jonathan W. Kuyper, Björn-Ola Linnér & Eva Lövbrand, "Non-state Actors in Global Climate Governance: From Copenhagen to Paris and Beyond", *Environmental Politics*, Vol. 26, 2017, pp. 561 - 579.

（一）《京都议定书》与法律规制模式（1997—2004）

1997 年 12 月《公约》第 3 次缔约方大会通过了《京都议定书》，旨在限制发达国家温室气体排放量以抑制全球变暖。《京都议定书》首次从法律上确定从 2008 至 2012 年，所有工业化国家温室气体排放总量必须在 1990 年的基础上减少 5.2%。按照协议，欧盟要在 1990 年的基础上减少 8%，美国减少 7%，日本减少 6%。按照先前在气候谈判中达成的《柏林授权书》（Berlin Mandate），包括中国在内的发展中国家，虽然也是协议签署国，但在初级阶段不承担减排义务。

《京都议定书》的设计遵循监管逻辑。减排目标一旦确定，缔约方就有法律义务履行其承诺。各国可以使用各种政策和措施来实现其分配的目标，可以通过参与排放交易、联合履行或清洁发展机制来实现其目标。但是无论如何，根据国际法，它们都有责任达到特定的排放标准，如果未能达到目标，将受到惩罚。[①]《京都议定书》是推进全球碳排放市场化机制运行的纲领性文献。《议定书》允许难以完成减排指标的发达国家从超额完成减排指标的发展中国家购买超出的额度，即"碳交易"。然而，《京都议定书》随后的批准和实施并不顺利。各缔约方在 2000 年努力就《京都议定书》实施细则达成一致，导致当年海牙缔约方会议破裂。2001 年，布什政府宣布《京都议定书》存在"致命缺陷"，称该条约将新兴经济体排除在排放目标之外，将使其处于竞争劣势，因而决定单方退出气候协议。虽然在美国退出的情况下《京都议定书》在波恩得以通过，但由于减排指标与实际背离，《京都议定书》已被抨击得千疮百孔。《京都议定书》签署近八年后，才开始生效。因此，全球气候治理的京都模式是否会起作用，一直受到质疑。

[①]　David Held and Charles Roger, "Three Models of Global Climate Governance: From Kyoto to Paris and Beyond", *Global Policy*, Vol. 9, 2018, pp. 527 – 537.

(二)《哥本哈根协议》与自愿治理模式(2005—2010)

2005 年 11 月,《联合国气候变化框架公约》第 11 次缔约方大会在加拿大蒙特利尔召开,其中包括启动《京都议定书》新二阶段温室气体减排谈判。2007 年 12 月在印度尼西亚巴厘岛召开的《公约》第 13 次缔约方大会上通过了"巴厘路线图",为气候变化国际谈判的关键议题确立了明确议程。"巴厘路线图"建立了双轨谈判机制,即以《议定书》特设工作组和《公约》长期合作特设工作组为主进行气候变化国际谈判。按照"双轨制"要求,一方面,签署《京都议定书》的发达国家要执行其规定,承诺 2012 年以后的大幅度量化减排指标。另一方面,发展中国家和未签署《京都议定书》的发达国家则要在《公约》下采取进一步应对气候变化的措施。2009 年的哥本哈根会议,商讨《京都议定书》一期承诺到期后的后续方案,就未来应对气候变化的全球行动签署新的协议。哥本哈根气候政策架构是南北双方"主要排放国"和"主要经济体"谈判的结果,但也为无数非国家和次国家气候活动以及新形式的国家/非国家互动铺平了道路。哥本哈根会议之后,跨国气候倡议和实验大规模出现。跨国气候实验采取多种形式,从私人碳报告、贴标、补偿和贸易计划到跨国城市网络和地方低碳生活方式动员。气候治理的创新动力并非来自联合国领导的气候制度,许多自愿承诺和倡议都是自下而上的。[①] 2012 年的多哈会议并没有在坎昆和德班减排目标的基础上有任何提升,对发展中国家减缓和适应气候变化的迫切需求也没有具体的中期资金承诺,更没有弥合国家之间的互信赤字。

哥本哈根会议废除了《京都议定书》自上而下的监管与市场并重的混合方法,转向承诺与审查机制。这一制度最早于 1994 年提出,但直到哥本哈根会议上提出后才生效。《哥本哈根协议》取代了国家负责减排的《京都议定书》,

---

① Karin Bäckstrand, Jonathan W. Kuyper, Björn-Ola Linnér & Eva Lövbrand, "Non-state Actors in Global Climate Governance: From Copenhagen to Paris and Beyond", *Environmental Politics*, Vol. 26, 2017, pp. 561–579.

提出了所有国家都应在减排上发挥作用。除了富裕国家自愿采取的减缓行动,需求资金支持的发展中国家还需要采取适当的减缓行动。共同但有区别的责任和各自能力的原则不再被解释为发达国家负有首要责任,除被视为有特殊情况的最不发达国家和小岛屿发展中国家外,所有缔约方均应发挥作用。这一阶段,减缓措施完全出于自愿,基本上不具约束力,呈现出"共同的不负责任"(shared unaccountability)。[①]

(三)《巴黎协定》与混合多边主义(2011—　)

在哥本哈根第 15 次缔约方会议之后,国家和非国家行为体之间的相互作用得到了加强。瑞典学者卡林·巴克斯特兰(Karin Bäckstrand)、乔纳森·库珀(Jonathan W. Kuyper)等提出了"混合多边主义"这一概念,以描述在哥本哈根会议之后取得进展并通过《巴黎协定》加以制度化的国际气候合作的新局面。首先,混合多边主义是指一种自下而上的气候政策架构,它将各国自愿做出的承诺与国际透明化框架相结合,以便定期审查和提高政策抱负,其中非国家行为体作为实施者、专家和监督者发挥重要作用。其次,混合多边主义是指多边和跨国气候行动之间日益动态的相互作用,UNFCCC 秘书处充当了许多非国家气候倡议和行动的推动者或协调者。《巴黎协定》近乎完全"自下而上"的范式强调国家自主,有务实理性的一面,但也将带来"光谱式"的碎片化问题。

《巴黎协定》将碳市场作为履行减排义务的关键政策工具,碳市场在全球、国家和地方层面迅速扩展。2018 年 2 月 28 日,国际碳行动伙伴组织(International Carbon Action Partnership,ICAP)发布《2018 年度全球碳交易进展报告》指出,随着中国全国碳市场于 2017 年年底启动,碳市场所覆盖的全

---

①　David Cipleta, J. Timmons Roberts, "Climate Change and The Transition to Neoliberal Environmental Governance", *Global Environmental Change*, Vol. 46, 2017, pp. 148-156.

球碳排放份额增至 2005 年的 3 倍,达到近 15%,已设立碳市场的司法管辖区 GDP 占全球比重超过 50%,人口占世界人口总数的近 1/3。[①] 新兴经济体成为全球碳市场的生力军,发达国家现有碳市场进行全面改革,碳市场之间的合作和连接也在不断加深。所有这些表明碳排放交易体系在全球应对气候变化行动、实现《巴黎协定》减排目标中将持续发挥关键作用。《巴黎协定》以来,西方世界经历了英国脱欧、黄马甲运动等政治变局,引领全球气候治理的能力大幅下降,美欧政策更加内顾,非国家行为体基础上的混合多边主义成为当前及未来全球气候治理的主要形式。

三、新自由主义全球气候治理的公平性、合法性与有效性危机

在新自由主义全球气候治理的发展进程中,私人融资和市场杠杆成为人们关注的焦点。市场和私营部门居于主导地位,通过"去政治化"的过程,将气候问题移出政治争论。这些具有"制度创新"意义的市场化行为,实际上是将气候条件商品化,但是,无论从技术层面还是社会层面,气候条件的商品化既有悖于气候本身的特点,也有悖于商品的本质属性。气候变化及其社会灾害不是市场缺位造成的,而是市场背后以资本为主导的社会经济关系引致的恶果。仅仅着眼于修补或完善自由市场,而不改变其背后的社会经济关系,不能从根本上解决气候问题。[②] 全球气候治理能够进行的根本变革很少,危机日益加剧,全球气候治理愈益遭遇公平性、合法性与有效性危机。

(一) 公平性危机

《巴黎协定》实现了最广泛的动员和参与,显示了自由主义和分配正义理想之间的某种妥协,但缺乏执行机制和对自主贡献的依赖,在实践和结构上与

---

① Emissions Trading Worldwide: Status Report 2018, https://icapcarbonaction. com/en/icap-status-report-2018

② 谢富胜、程瀚、李安:《全球气候治理的政治经济学分析》,《中国社会科学》2014 年第 11 期。

根植于公平原则、共同但有区别的责任和各自能力的制度大不相同。《京都议定书》阶段，只有富裕国家有减少温室气体排放的法定责任。然而，大多数国家要求所有国家都在同一法律制度下行动，《哥本哈根协议》建立了自愿治理基础上的全球气候治理模式。而在《巴黎协定》之下，这种区别已经在很大程度上被淡化了，发达国家减排责任不断减少，并向非国家行为体扩散。巴黎达成的协议和其他决定强调非国家和次国家行为者承担更大责任，但问责机制仍然不确定。这些趋势表明，减排责任不仅向"国家责任"一端稳步漂移，而且向更广泛的横向和无区别的责任扩散方向漂移。[①]

国际上对减排承诺的分配也远远不公平。首先，尽管发展中国家对造成这一问题的责任较小，但发展中国家承诺的减排量比发达国家多。国际社会还没有对低碳技术和实践提供支持，使世界上较贫穷的国家能够推动经济增长，以解决贫困问题。在未来的几十年里，快速工业化的国家将占排放增长的大部分，但在一些国家，如印度，人均排放量仍然极低，数亿人生活在极度贫困、没有电的环境中。其次，在发展中国家和弱势群体适应和应对气候变化的需要以及富裕国家提供的公共资金水平方面，存在着额外的公平差距。2013年，全球社会仅为发展中国家提供34亿美元的适应资金。为适应环境而筹集公共资金的创新机制在谈判中被搁置。如何扩大适应融资和解决目前自愿主义和市场化制度中的损失和损害，仍然悬而未决。[②] 此外，新自由主义加剧了国际国内层面的环境不公。在新自由主义全球化进程中，跨国资本通过种族化占用（racialized appropriation）从发展中国家获得剩余的环境空间，以此满足自身的资本积累需要，却没有支付等价的报酬。[③] 这种种族化的新自由主

---

① Steven Bernstein, "The Absence of Great Power Responsibility in Global Environmental Politics", *European Journal of International Relations*, 2019, pp. 1 - 25.

② David Cipleta, J. Timmons Roberts, "Climate Change and the Transition to Neoliberal Environmental Governance", *Global Environmental Change*, Vol. 46, 2017, pp. 148 - 156.

③ John Bellamy Foster and Brett Clark, "The Expropriation of Nature", Vol. 69, 2018, https://monthlyreview.org/2018/03/01/the-expropriation-of-nature/.

义通过化石燃料开发、军事建设、金融控制、对移民和少数族裔的压制来克服资本主义的经济危机和生态危机。①"边缘法国""边缘美国"等成为西方工人阶级的居住地。也正是在这些边缘地区,黄马甲运动此起彼伏。由此可见,新自由主义维护的是全球资本主义的根本利益,它无法带来一个公平的、正义的、和谐的全球气候治理秩序。

(二) 合法性危机

在国家和非国家参与和包容性方面,《巴黎协定》似乎是一个突破。非国家行为体被赋予较高的行动合法性,因为协定要求正式承认企业和其他非缔约利益攸关方提出的 12 000 多项承诺,这些承诺为该协定提供了动力。然而,发展中国家在气候行动中在包容性和领导能力方面存在广泛的参与差距。在《利马巴黎行动议程》(LPAA)和非国家行为体气候行动区域(NAZCA)平台监测的大部分气候活动不是由弱势群体动员或实施的。②

《巴黎协定》的强力要素是透明度框架和能力建设倡议。虽然问责制措施薄弱,但国家自主贡献计划、两年期报告、国际评估、财政捐款和全球盘点都要求尽可能透明。《巴黎协定》旨在建立强制性透明框架来弥补法律的空缺,但在理论和实践中有诸多的冲突和不一致,主要在于作为环境透明化治理内容的环境信息存在过量、不可靠等现象,而信息公开客体在一些情境下缺乏必要的信息处理能力,同时在治理实践中,存在过度重视环境透明化的程序以致超过对治理绩效的考察。作为新自由主义的表征之一,透明化与信息共享这一密集沟通网络缓解了政府的责任与压力,超越了党派分歧,具有泛意识形态化倾向,被誉为一种后政治倡议。在不对等的信息权力结构中,占据信息权力优

---

① Daniel Faber, "Global Capitalism, Reactionary Neoliberalism, and the Deepening of Environmental Injustices", *Capitalism Nature Socialism*, Vol. 29, No. 2, 2018, pp. 8 - 28.

② Karin Bäckstrand, Jonathan W. Kuyper, Björn-Ola Linnér & Eva Lövbrand, "Non-state Actors in Global Climate Governance: From Copenhagen to Paris and Beyond", *Environmental Politics*, Vol. 26, 2017, pp. 561 - 579.

势的主体可以利用透明化巩固甚至扩张这种不对等和控制。在这一过程中,不能忽视发达国家与发展中国家的透明化鸿沟。如依据《卡塔赫纳生物安全议定书》(Cartagena Protocol on Biosafety),南非关心转基因生物环境影响的众多社会团体从公共部门获得环境风险评估信息和相关数据后,却因缺乏专业知识和信息处理能力而无法有效监管公共部门的治理行为。在国际社会中,这常常表现为透明化多边协定的缔约国中实力较强的国家制定较高的透明化标准,从而通过经济制裁和贸易限制来削弱无法达到这一标准的成员国。

(三) 有效性危机

关于《巴黎协定》有效性的辩论集中在其薄弱的法律地位上。首先,强化了国家的主权地位。《巴黎协定》不包含任何关于国内行动的具有法律约束力的规定。第二,《巴黎协定》并不要求对个别国家进行任何审查,只要求对所有国家自主贡献的集体作用和综合作用进行审查。从这个意义上说,《巴黎协定》旨在通过建立强制性透明框架来弥补这种缺乏法律强制的情况。第三,虽然缔约方会议的决定对非国家行为体做了详细说明,但在《巴黎协定》中,其行动者很少受到关注,在定期审查中没有明确的正式作用。[①]

美国经济学家斯科特·巴雷特(Scott Barrett)认为,一项气候条约必须实现三个目的:各国参与、参加者遵守、减少排放量。满足其中一个或两个条件相对容易,三个目标同时实现却极为困难,参与范围、责任和高履约水平之间可能存在权衡,构成了不可能三角(impossible trinity)。[②]《巴黎协定》预期在多大程度上实现广泛参与、深入承诺和高合规性,并不乐观:第一,未来将受到非国家行为体的影响,主要包括次国家行为体的商业实践、投资模式和气候

① Karin Bäckstrand, Jonathan W. Kuyper, Björn-Ola Linnér & Eva Lövbrand, "Non-state Actors in Global Climate Governance: From Copenhagen to Paris and Beyond", *Environmental Politics*, Vol. 26, 2017, pp. 561 – 579.

② Scott Barrett, "Climate Treaties and The Imperative of Enforcement", *Oxford Review of Economic Policy*, Vol. 24, 2008, pp. 239 – 258.

治理倡议。《巴黎协定》是联合国成员国对减缓气候变化做出的最具包容性的承诺,许多非政府组织和城市跨国网络在制定"私法"方面的活动显著增加,这些"私人调控"(private regulations)被定义为自愿标准、规则和做法,评估此类法规有效性的研究结果喜忧参半。第二,目前的国家自主贡献没有足够的潜力来实现全球温控目标。UNFCCC秘书处在缔约方第21次会议之前的一份报告指出,国家自主贡献提交的报告未能使排放量走上一条将气候变暖限制在2摄氏度的道路。① 所有研究都一致认为,目前的《巴黎协定》实施不足以实现其目标。已经实施的政策将使全球排放在21世纪后半叶趋于稳定,气温上升3.6摄氏度。即使假设未来全面实施已宣布的国家自主贡献计划,预计到2100年全球气温将上升2.7摄氏度。② 第三,履约是《巴黎协定》的缺陷。在《巴黎协定》的框架下,"履约"可以定义为(a)遵守协议的程序性法规和(b)履行关于减排(或限制)的国家自主贡献的行动。协定的法律约束力主要涉及(a),而与(b)通常具有"软"性质。因此,由于缺乏促进履约的强力机制,很难想象任何一方需要遵守一些非强制性的东西。③

四、未来趋势

在新自由主义全球气候治理遭遇危机之时,气候民族主义趋势凸显。在这种情况下,如果不解决透明度、公平性和代表性方面的问题,《联合国气候变化框架公约》将缩减为一个民间和自愿的国际气候变化行动论坛。④ 总体上,

---

① United Nations Framework Convention on Climate Change, "Adoption of the Paris Agreement", 2015. https://unfccc. int/resource/docs/2015/cop21/eng/l09r01. pdf.

② Niklas Höhne, Takeshi Kuramochi, et al. , "The Paris Agreement: Resolving the Inconsistency Between Global Goals and National Contributions", *Climate Policy*, 2017, Issue 1, 2017, pp. 16 - 32.

③ Dimtrov, Radoslav, Jon Hovi, et al. , "Institutional and Environmental Effectiveness: Will the Paris Agreement Work", *WIREs Climate Change*, 2019, pp. 1 - 12.

④ David Cipleta, J. Timmons Roberts, "Climate Change and The Transition to Neoliberal Environmental Governance", *Global Environmental Change*, Vol. 46, 2017, pp. 148 - 156.

西方国家的应对之举是以新自由主义挽救新自由主义,这种范式强化在现实中体现为一种更加保守和民族化的新自由主义,在全球气候治理上更加倒退和反对多边主义合作。

第一,全球气候治理的国内驱动力增大。全球气候治理从自上而下的以履约为基础的治理形式向自愿的、以透明度为导向的机制转变,权力重心从国际制度转移到了国内。尽管《京都议定书》在2005年生效,但实质上对大多数工业化国家并未发挥影响。加拿大、俄罗斯和日本退出了条约第二阶段的承诺。《巴黎协定》的基本架构包括各国自愿提交和执行国家自主贡献的承诺,这些承诺既没有经过多边谈判,也没有法律约束力。因此,该协议代表了全球气候政治的新本土化,其中国际协议与国内政治一致,而不是相反。在日益多元化的气候制度下,《巴黎协定》将国家与非国家、多边和跨国气候行动之间的复杂互动制度化。这预示着国家权力的重新确立,也就是跨国气候治理的有效运作取决于各国制定的政府间框架。[1]

跨国气候倡议的发展并不意味着权力从多边条约向次国家或非国家行为体单方面转移。气候政策领域现有的国家间合作模式并没有因为跨国治理安排的出现而受到破坏,而是得到了加强。因此,"权力转移"一词并不适合当前全球气候治理的趋势,这些行为体围绕现有的国家间合作模式,并以民族国家在国际谈判中制定的准则和规则为其倡议的基础。[2] 现有联合国体制下"协商一致"的决策方式,在后期推进国家自主贡献更新、透明度、全球盘点、减缓、适应、资金、技术、能力建设等关键机制上缺乏效率、进度缓慢。同时,因为缺乏自上而下的框架,这些机制的设计本身存在一定的困境和障碍。

第二,美欧气候目标让位于经济目标。在美国,超保守新自由主义

① Robert Falkner, "The Paris Agreement and the New Logic of International Climate Politics", *International Affairs*, 2016, Vol. 92, No. 5, 2016, pp. 1107–1125.

② Thomas Hickmann, "The Reconfiguration of Authority in Global Climate Governance", *International Studies Review*, Vol. 19, No. 3, 2017, pp. 1–22.

(Reactionary Neoliberalism)以民族主义取代克林顿、奥巴马政府时期的进步新自由主义(Progressive Neoliberalism)的世界主义导向。[①] 特朗普关于《巴黎协定》的立场主要围绕"使美国再次变得伟大"这一主题进行。特朗普在演讲中谴责《巴黎协定》,"与其说是气候问题,不如说是其他国家获得了比美国更大的经济优势",以及《巴黎协定》就是劫富济贫,把美国巨大的财富分给其他国家,撤出《巴黎协定》符合美国的经济利益,而对气候的影响不大",并指出他"代表匹兹堡而不是巴黎"。[②] 特朗普政府不断削减环保预算,削弱环境法规,把责任推向地方和州政府。由于经济危机、欧洲内部政治等问题,气候变化在欧盟政治议题上的位置在过去几年中有所下滑。金融危机以来,欧盟委员会不得不将更多的资源集中在解决欧盟经济危机和随后出现的欧元区问题上,环境问题远不是当务之急。经济危机导致欧盟成员国政府之间的分歧进一步加深,从而将制定和讨论气候政策的方式从环境目标转变为纯粹的经济目标。[③] 为应对欧元危机,欧盟的重点是紧缩议程,即稳定成员国经济,并促进就业增长和投资。气候变化和能源方案的合并是后紧缩时代欧盟委员会政策导向的一个重要标志。主要的环境非政府组织认为此举是近年来最大的挫折之一。这次合并有可能破坏气候变化政策组合的形象,而有利于能源投资组合。[④] 欧盟扩大和经济危机的综合影响降低了欧盟气候政策的抱负,欧洲理事会参与气候谈判的权重增大,欧盟内部关于气候问题的分歧日益加剧。

第三,气候问题愈益政治化,很可能会成为美欧社会中爆发冲突的新战线。新自由主义的政治经济危机助长了对移民的敌意,催生欧洲右翼民粹主

[①] Daniel Faber, "Global Capitalism, Reactionary Neoliberalism, and the Deepening of Environmental Injustices", *Capitalism Nature Socialism*, Vol. 29, Issue 2, 2018, pp. 8 - 28.

[②] White House Office on the Press Secretary, "Statement by President Trump on the Paris Climate Accord", 2017.

[③] Jakob Skovgaard, "EU Climate Policy After the Crisis", *Environmental Politics*, Vol. 23, Issue 1, 2014, pp. 1 - 17.

[④] Aleksandra Čavoški, "A Post-austerity European Commission: No Role for Environmental Policy", *Environmental Politics*, Vol. 24, No. 3, 2015, pp. 501 - 505.

义政党的各项社会压力将继续加重,极端主义替代方案不断增加,尤其是民族主义替代方案。如今气候问题已从以往的科学共识转变为一个政治争论的焦点,布鲁塞尔智库欧洲政策中心的赫德伯格(Annika Hedberg)甚至悲观预言"气候政治化的战斗才刚刚开始"。① 当前美欧各国的政策导向更加保守和内顾,右翼民粹主义政党利用民众的经济不安全感明确提出反全球化、反移民、反多边主义气候政策。右翼民粹主义认为,减排政策给国家工业带来了难以承受的负担,能源价格上涨将损害企业和消费者。右翼民粹主义向工人阶级保守派支持者发出警告,称城市精英正在出卖他们的利益。气候问题加剧了人们对能源价格上涨和消费者成本上升的担忧,从而使人们在气候政策的问题上变得情绪化。在美国,共和党人也使用类似的话语来抨击民主党议员亚历山大·奥卡西奥-科尔特斯(Alexandria Ocasio-Cortez)以及她力主推行的"绿色新政"(Green New Deal),他们将自由主义的民主党人描绘成斯大林主义者,说他们会夺走人们的卡车和汉堡。欧洲的许多右翼政党和右翼运动已经采取了类似的方式,对气候政策发起了猛烈抨击,以煽动选民的情绪。意大利的北方联盟(Lega Nord)、法国国民联盟(National Rally)和奥地利自由党(FPÖ)等右翼民粹主义政党认为《巴黎协定》和欧盟气候行动既无效又不公平。德国选择党(Alternative for Germany)大力反驳了清洁空气政策背后的科学论证,并嘲笑清洁空气政策是"颗粒物歇斯底里症"(particulate matter hysteria)。芬兰人党(the Finns Party)抓住气候问题,借机开辟"文化战争"的新战线。来自芬兰人党的政治家马蒂·普特科宁(Matti Putkonen)发出警告称,激进的环境保护措施将会"拿走工人嘴里的香肠"。② 右翼民粹主义坚持反精英主义的意识形态,认为气候政策远离社会现实,加剧不平等,对多边

---

① Rachel Waldholz, "'Green Wave' vs Right-Wing Populism: Europe Faces Climate Policy Polarization", 05 Jun 2019, https://www. cleanenergywire. org/news/green-wave-vs-right-wing-populism-europe-faces-climate-policy-polarisation.

② 《芬兰迎来议会大选,右翼政党新口号"气候变化歇斯底里症"》,2019 年 4 月 15 日,http://www. qdaily. com/articles/62926. html。

主义气候合作持反对态度。这些分歧加剧了民众对政府、多边主义乃至科学的不信任,破坏了应对气候变化的国际合作。

第四,能源地缘政治复兴。面对新自由主义的危机,全球气候治理遭遇挫折,能源地缘政治的重要性日益提升。随着石油和天然气行业在经济和地缘政治中的重要性不断增长,"美国优先"方针指导下的"美国能源主导"时代已经来到。2017年3月28日,特朗普签署"能源独立"的行政命令,解除对美国能源生产的限制,废除政府的干涉。在2019年第39届剑桥能源周上,美国能源部长佩里认为,美国拥有涵盖传统化石能源、可再生能源和核能等多种形式的丰富能源资源,这些资源实力正在引领美国进入能源发展的新时代。美国正在减少与欧佩克国家的能源联系,追求真正意义上的能源独立,逐渐改变其与欧佩克国家、俄罗斯以及委内瑞拉等的竞合关系,这一系列举措都将撬动和冲击现有的国际关系格局。除了重申实现美国能源独立的目标之外,特朗普还提出美国要在全球能源市场上拥有主导权,要"让美国占领全球能源市场"。欧盟也日益重视能源安全与供应稳定。俄乌天然气纠纷、伊朗核问题等都对欧盟能源供给安全造成威胁。在乌克兰棋局上,美俄对弈是绕不开的话题,美国国防部宣布向乌克兰拨款2.5亿美元,用于加强乌军队力量,欧洲的立场并不积极。除在是否增加对俄制裁上存在分歧外,德乌对"北溪-2"天然气管道项目也持不同意见。欧洲反对在乌东问题上对俄施加过多压力,同时继续保持与俄罗斯的合作,体现出实用主义的态度。① 长期以来,石油市场一直是美欧主导的自由国际秩序的重要基础。当前石油和天然气在全球经济、政治和地缘政治中的重要性不断增长,鉴于传统能源所赋予的巨大经济和政治优势,化石燃料的开采和消费仍将继续扩大,未来的能源转型将伴随着高碳国家和低碳国家之间的冲突与竞争。

---

① 《各方力量搅动乌克兰棋局,美欧俄掀起新一轮博弈》,《人民日报》(海外版),2019年6月22日。

第四节　美欧气候政策前景

　　美欧资本主义近几十年来在发展方向上出现了新自由主义的趋同,但它们的差异仍将长期存在。在美欧资本主义体制的基础上,美欧气候政策表现为盎格鲁-撒克逊模式和欧洲模式。其中,北欧社会民主主义国家更为领先。盎格鲁模式以市场自由主义来应对减排与社会政策的冲突。欧洲模式倡导严格的减排计划、激进的社会政策与生活方式的转变,从而在社会团结的基础上,扩大就业权利,应对环境问题,实现经济增长、大众就业和社会包容。例如,新社会运动通过指出晚期资本主义体系的系统盲点,提高社会对资本主义体系的认识能力,通过消费和工作改革来强化生态社会转型。生态社会的消费政策将集体投资和消费置于私人商品之前,推进地方、社区层面的消费;抵制高碳奢侈品消费;确保福利政策从源头上预防而不只是缓解社会问题。生态社会的工作政策提倡逐步减少有偿工作时间,促进替代的劳务契约,鼓励低碳休闲活动。通过社会化消费、税收、公共物品转移、事先再分配(最低工资、工会权利)等来解决个人消费的不公平分配问题。①

　　美国气候政策将一直从属于经济增长。美国的经济模式可概括为赢者通吃(winners take all),这种增长方式使收入和权力更加集中。② 在一个不平等日益加剧的国度中,能源及气候问题不可能得到解决。美国能源资源丰富,且正在大幅增加能源生产,包括传统化石燃料和可再生能源。共和党强调,美国的清洁能源发展绝不能以牺牲化石燃料行业的利益为代价。如今,一些新自

---

　　① Ian Gough,"Welfare States and Environmental States: A Comparative Analysis", *Environmental Politics*, Vol. 25, No. 1, 2016, pp. 24 - 47.

　　② Jacob Hacker, and Paul Pierson, *Winner Take All Politics*, New York: Simon & Schuster, 2010.

由主义者仍然拒绝采用除碳排放交易以外的其他碳减排机制,他们认为,这是用于解决问题的最好的市场主导方式。这正是《京都议定书》的逻辑。以发电业为例,最先实施的减排方式一定是成本最低的,很可能是在短期内盈利性最强的方式。因此,开发化石燃料比建立可再生能源发电设施更有吸引力,因为可再生能源发电是资本密集型产业,需要巨大的前期投资。这种情况将会持续下去,除非化石能源价格持续走高,从而能克服这个问题。总之,美国的气候变化观被描述为实用的、政治化的、跨国的,偏好"实践方法",侧重于商业机会和成本效益。气候变化的国内和国际层面没有明确区分,美国在全球气候变化政治中的首选角色——"全球领导"还是"国内问题优先"——是气候变化辩论中反复出现的问题。在美国参与谈判的过程中,保持灵活性,以尽可能最低的成本实现减排仍然是关键考量。①

2008 年金融危机以来,在欧洲金融业和盎格鲁-撒克逊的影响力这两个层面,新自由主义的危机都引发了一些有利于工业主义—管理主义网络自主化的转型,欧洲与美英之间的纽带已经松散。② 欧盟面临的最大问题是成员国政策现状和立场不同,缺乏达成集体目标所必须具备的高度协调和协作精神。事实上,不同的资本主义类型想要共生共存,灵活性是必不可少的,而前提是欧盟各国可以形成能够带来这种灵活性的制度能力和财政能力。欧盟气候政策的核心是如何处理欧元危机下成员国(特别是北欧与南欧国家)之间的分歧问题。由于欧元区经济危机的影响,欧洲政治局势短期向右转,气候政策的推进将会放缓,气候政策目标让位于福利政策的改革。总体上,欧盟气候政策呈现两条主线:一是欧盟委员会的政策设计雄心勃勃,但成员国实现各自2020 年目标的进展情况参差不齐;二是欧盟长期以来重视气候政策与福利政

---

① Jan J. Boersema, Lucas Reijnders, *Principles of Environmental Sciences*, Springer, Dordrecht, 2009, pp. 459 – 471.

② [法]热拉尔·迪梅尼尔、多米尼克·莱维:《大分化:正在走向终结的新自由主义》,陈杰译,商务印书馆 2015 年版,第 145 页。

策的协调,"可持续福利"(sustainable welfare)这一概念就是欧盟在气候变化的背景下对社会福利再认识的结果。它强调在生态环境条件的约束下,国家福利政策对民众基本需求的满足,其关键在于通过国家内部和超国家的环境、经济和社会政策满足人类的基本需要和其他需要①。

---

① Max Koch, et al. , "Sustainable Welfare in the EU: Promoting Synergies Between Climate and Social Policies", *Critical Social Policy*, Vol. 36, No. 4. 2016, pp. 704 - 715.

参考文献

［英］安德鲁·格林编《新自由主义时代的社会民主主义：1980年以来的左翼和经济政策》，刘庸安、马瑞译，重庆出版社2010年版。

常庆欣：《激进政治经济学的新趋向研究》，中国经济出版社2012年版。

［英］阿尔弗雷多·萨德-费洛，黛博拉·约翰斯顿编《新自由主义：批判读本》，陈刚等译，江苏人民出版社2006年版。

陈琢：《跨国公司行为纠偏的生态指向》，人民日报出版社2015年版。

［德］弗里德里希·艾伯特基金会编《社会民主主义的未来》，夏庆宇译，重庆出版社2014年版。

傅殷才：《新保守主义经济学》，中国经济出版社1994年版。

［丹麦］哥斯塔·埃斯平-安德森：《福利资本主义的三个世界》，苗正民、滕玉英译，商务印书馆2010年版。

［德］克劳斯·奥菲：《福利国家的矛盾》，郭忠华等译，吉林人民出版社2011年版。

［日］青木昌彦、奥野正宽：《经济体制的比较制度分析》，魏加宁等译，中国发展出版社2005年版。

雷米·热内维等主编《减少不平等——可持续发展的挑战》，潘革平译，社会科学文献出版社2014年版。

［美］罗伯特·吉尔平：《全球政治经济学：解读国际经济秩序》，杨宇光等译，

上海人民出版社 2006 年版。

［法］热拉尔·迪梅尼尔、多米尼克·莱维:《新自由主义的危机》,魏怡译,商务印书馆 2015 年版。

［法］热拉尔·迪梅尼尔、多米尼克·莱维:《大分化:正在走向终结的新自由主义》,陈杰译,商务印书馆 2015 年版。

斯坦恩·库恩勒、陈寅章主编《北欧福利国家》,复旦大学出版社 2010 年版。

［英］托马斯·亚诺斯基、亚历山大·M·希克斯:《福利国家的比较政治经济学》,姜辉、于海青、沈根犬译,重庆出版社 2003 年版。

［美］约翰·齐思曼:《政府、市场与增长——金融体系与产业变迁的政治》,刘娟凤、刘骥译,吉林出版集团有限责任公司 2009 年版。

周艳辉主编《当代资本主义多样性与制度调适》,中央编译出版社 2015 年版。

朱天飚:《比较政治经济学》,北京大学出版社 2006 年版。

Azmanova, Albena, "Social Justice and Varieties of Capitalism: An Immanent Critique", *New Political Economy*, Vol. 17, No. 4, 2012, pp. 445 - 463.

Bäckstrand, Karin, Jonathan W. Kuyper, Björn-Ola Linnér & Eva Lövbrand, "Non-state Actors in Global Climate Governance: From Copenhagen to Paris and Beyond", *Environmental Politics*, Vol. 26, 2017, pp. 561 - 579.

Bailey, Daniel, "The Environmental Paradox of the Welfare State: The Dynamics of Sustainability", *New Political Economy*, Vol. 20, Issue 6, 2015, pp. 793 - 811.

Bailey, Ian, et al., "Climate Policy Strength Compared: China, the US, the EU, India, Russia, and Japan", *Climate Policy*, Vol. 16, Issue 2, 2016, pp. 145 - 164.

Barrett, Scott, "Climate Treaties and The Imperative of Enforcement",

Oxford Review of Economic Policy, Vol. 24, 2008, pp. 239 - 258.

Becker, Uwe, "The Heterogeneity of Capitalism in Crisis-Ridden Europe", *Journal of Contemporary European Studies*, Vol. 22, No. 3, 2014, pp. 261 - 275.

Bellamy Foster, John and Brett Clark, "The Expropriation of Nature", Vol. 69, No. 10, 2018, https://monthlyreview. org/2018/03/01/the-expropriation-of-nature/.

Berger, Stefan and Hugh Compston, eds. , *Policy Concertation and Social Partnership in Western Europe: Lessons for the 21st Century*, New York: Bergahn Books, 2002.

Bernstein, Steven, "The Absence of Great Power Responsibility in Global Environmental Politics", *European Journal of International Relations*, 2019, pp. 1 - 25.

Biedenkopf, Katja, Patrick Müller, Peter Slominski & Jørgen Wettestad, "A Global Turn to Greenhouse Gas Emissions Trading? Experiments, Actors, and Diffusion", *Global Environmental Politics*, Vol. 17, No. 4, 2017, pp. 1 - 11.

Blackwate, Bill, "Two Cheers for Environmental Keynesianism", *Capitalism Nature Socialism*, Vol. 23, Issue 2, 2012, pp. 51 - 74.

Casper, Steven, "Can New Technology Firms Succeed in Coordinated Market Economies? A Response to Herrmann and Lange", *Socio-Economic Review*, Vol. 7, 2009, pp. 209 - 215.

Chesters, Jenny, "Trends in Economic Growth and Levels of Wealth Inequality in G20 Nations: 2001 - 2013", *Contemporary Social Science*, Vol. 11, No. 2 - 3, 2016, pp. 270 - 281.

Cipleta, David, J. Timmons Roberts, "Climate Change and the Transition to Neoliberal Environmental Governance", *Global Environmental Change*, Vol. 46, 2017, pp. 148 – 156.

Deeming, Christopher, "The Lost and the New 'Liberal World' of Welfare Capitalism: A Critical Assessment of Gøsta Esping-Andersen's The Three Worlds of Welfare Capitalism a Quarter Century Later", *Social Policy and Society*, Vol. 16, Issue 3, 2017, pp. 405 – 422.

Denk, Oliver, Gabriel Gomes, *Financial Re-regulation since the Global Crisis: An Index-based Assessment*, OECD Economics Department Working Papers, No. 1396, Paris: OECD Publishing, 2017.

Dimitrov, Radoslav, Jon Hovi, Detlef F. Sprinz, Håkon Sælen, Arild Underdal, "Institutional and Environmental Effectiveness: Will the Paris Agreement Work", *WIREs Climate Change*, 2019, pp. 1 – 12.

Epstein, Gerald A. , *Financialization and the World Economy*, Cheltenham: Edward Elgar, 2005.

Ervine, Kate, "Diminishing Returns: Carbon Market Crisis and the Future of Market-Dependent Climate Change Finance", *New Political Economy*, Vol. 19, No. 5, 2014, pp. 723 – 747.

Ervine, Kate, "How Low Can It Go? Analysing the Political Economy of Carbon Market Design and Low Carbon Prices", *New Political Economy*, Vol. 23, No. 6, 2018, pp. 690 – 710.

Ervine, Kate, "Carbon Markets, Debt and Uneven Development", *Third World Quarterly*, Vol. 34, No. 4, 2013, pp. 653 – 670.

European Commission, "Third Report on the State of the Energy Union: Annex 3—State of Progress towards the National Energy and Climate Plans", 2017.

Faber, Daniel, "Global Capitalism, Reactionary Neoliberalism, and the

Deepening of Environmental Injustices", *Capitalism Nature Socialism*, Vol. 29, No. 2, 2018, pp. 8 – 28.

Falkner, Robert, "The Paris Agreement and the New Logic of International Climate Politics", *International Affairs*, Vol. 92, No. 5, 2016, pp. 1107 – 1125.

Frank, Thomas, *What's the Matter with Kansas? How Conservatives Won the Heart of America*, New York: Metropolitan Books, 2004.

Friends of the Earth, *Subprime Carbon? Re-thinking the World's Largest New Derivatives Market*, Washington DC: Friends of the Earth, 2009.

Goodin, Robert E., "Choose Your Capitalism", *Comparative European Politics*, Vol. 1, No. 2, 2003, pp. 203 – 213.

Gambarotto, Francesca and Stefano Solari, "The Peripheralization of Southern European Capitalism Within the EMU", *Review of International Political Economy*, Vol. 22, No. 4, 2015, pp. 788 – 812.

Goldstein, Jesse, David Tyfield, "Green Keynesianism: Bringing the Entrepreneurial State Back into Question", *Science As Culture*, Vol. 1, 2017, pp. 1 – 24.

Gough, Ian, "Welfare States and Environmental States: A Comparatve Analysis", *Environmental Politics*, Vol. 25, Issue 1, 2016, pp. 24 – 47.

Ghisetti, Claudia, Susanna Mancinelli, Massimiliano Mazzanti & Mariangela Zoli, "Financial Barriers and Environmental Innovations: Evidence from EU Manufacturing Firms", *Climate Policy*, Vol. 1, No. S1, pp. S131 – S147.

Gupta, Aarti, "Transparency in Global Environmental Governance: A Coming of Age", *Global Environmental Politics*, Vol. 10, No. 3, 2010, pp. 1 - 9.

Hall, Peter A. and Thelen, Kathleen, "Institutional Change in Varieties of Capitalism", *Socio-Economic Review*, Vol. 7, No. 1, 2008, pp. 7 - 34.

Hacker, Jacob, and Paul Pierson, *Winner Take All Politics*, New York: Simon & Schuster, 2010.

Hacker, Jacob, and Paul Pierson, *The Republican Revolution and the Erosion of American Democracy*, New Haven, CT: Yale University Press, 2006.

Hall, Peter A. , "Varieties of Capitalism in Light of the Euro Crisis, *Journal of European Public Policy*, Vol. 25, No. 1, 2017, pp. 7 - 30.

Hall, Peter A. and Daniel W. Gingerich, "Varieties of Capitalism and Institutional Complementarities in the Political Economy", *British Journal of Political Science*, Vol. 39, No. 3, 2009, pp. 449 - 482.

Halligan, John ed. , *Civil Service Systems in Anglo-American Countries*, Cheltenham: Edward Elgar, 2004.

Hayes, Jarrod, Janelle Knox-Hayes, "Security in Climate Change Discourse: Analyzing the Divergence between US and EU Approaches to Policy", *Global Environmental Politics*, Vol. 14, No. 2, 2014, pp. 82 - 101.

Held, David and Charles Roger, "Three Models of Global Climate Governance: From Kyoto to Paris and Beyond", *Global Policy*, Vol. 9, 2018, 527 - 537.

Hickmann, Thomas, "The Reconfiguration of Authority in Global Climate Governance", *International Studies Review*, Vol. 19, No. 3, 2017, pp. 1 - 22.

Holden, Chris, "Global Social Policy: An Application of Welfare State

Theory", *Journal of International and Comparative Social Policy*, 2017, pp. 1 - 18.

Holzinger, Katharina, Knill, Christoph, and Sommerer, Thomas, "Environmental Policy Convergence: the Impact of International Harmonization, Transnational Communication, and Regulatory Competition", *International Organization*, Vol. 62, No. 4, 2008, pp. 553 - 587.

Howell, Chris, "Varieties of Capitalism: And Then There Was One", *Comparative Politics*, Vol. 36, No. 1, 2003, pp. 103 - 124.

Höhne, Niklas, Takeshi Kuramochi, et al., "The Paris Agreement: Resolving the Inconsistency Between Global Goals and National Contributions", *Climate Policy*, Vol. 17, No. 1, 2017, 16 - 32.

Jackson, Gregory and Richard Deeg, "From Comparing Capitalisms to the Politics of Institutional Change", *Review of International Political Economy*, Vol. 15, No. 4, 2008, pp. 680 - 709.

Jessop, Bob, "Variegated Capitalism, das Modell Deutschland, and the Eurozone Crisis", *Journal of Contemporary European Studies*, Vol. 22, No. 3, 2014, pp. 248 - 260.

Jevnaker, Torbjørg, Jørgen Wettestad, "Ratcheting Up Carbon Trade: The Politics of Reforming EU Emissions Trading", *Global Environmental Politics*, Vol. 17, No. 2, 2017, pp. 105 - 124.

Jorgenson, Andrew, Schor, Juliet, Knight, Kyle, Huang, Xiaorui, "Domestic Inequality and Carbon Emissions in Comparative Perspective", *Social Forum*, Vol. 31, 2016, pp. 770 - 786.

Kelemen, R. Daniel and Vogel, David, "Trading Places: the Role of the United States and the European Union in International Environmental

Politics", *Comparative Political Studies*, Vol. 43, No. 4, 2010, pp. 427 - 456.

Layfield, David, "Turning Carbon into Gold: The Financialisation of International Climate Policy", *Environmental Politics*, Vol. 22, No. 6, 2013, pp. 901 - 917.

Lewis, Paul, Fei Peng and Magnus Ryner, "Welfare Capitalism in Post-Industrial Times: Trilemma or Power Over Rents", *New Political Economy*, 2017, pp. 1 - 21.

Loftus, Alex, Hug March, "Financialising Nature", *Geoforum*, Vol. 60, 2015, pp. 172 - 175.

MacNeil, Robert, Matthew Paterson, "Neoliberal Climate Policy: From Market Fetishism to the Developmental State", *Environmental Politics*, Vol. 21, Issue 2, 2012, pp. 230 - 247.

Mazen, Labban, "Oil in Parallax: Scarcity, Markets, and the Financialisation of Accumulation", *Geoforum*, Vol. 41, 2010, pp. 541 - 552.

Mikler, John, "Framing Environmental Responsibility: National Variations in Corporations' Motivations", *Policy and Society*, Vol. 26, No. 4, 2007, pp. 67 - 104.

Morris, Damien, *Losing the Lead? Europe's Flagging Carbon Market*, London: Sandbag Climate Campaign, 2012.

Newell, Peter, and Matthew Paterson, *Climate Capitalism: Global Warming and the Transformation of the Global Economy*, Cambridge: Cambridge University Press, 2010.

Newell, Peter, Max Boykoff & Emily Boyd, *The New Carbon Economy: Constitution, Governance and Contestation*, Wiley-Blackwell, 2012.

Paterson, Matthew, "Who and What Are Carbon Markets For", *Climate*

Policy, Vol. 12, No. 1, 2012, pp. 82 - 97.

Paterson, Mathew, Xavier P-Laberge, "Political Economies of Climate Change",*WIREs Clim Change*, Vol. 9, 2018, pp. 1 - 16.

Pearce, David, Anil Markandya, Edward. B. Barbier, *Blueprint for a Green Economy*, London: Earthscan, 1989.

Pierre, Jon, "Varieties of Capitalism and Varieties of Globalization: Comparing Patterns of Market Deregulation", *Journal of European Public Policy*, Vol. 22, No. 7, 2015, pp. 908 - 926.

Porter, Michael and Claas van der Linde, "Towards a New Conception of the Environment-Competitiveness Relationship", *Journal of Economic Perspectives*, Vol. 9, No. 4 1995, pp. 97 - 118.

Porter, Michael and ClaasVan der Linde, "Green and Competitive: Ending the Stalemate", *Harvard Business Review*, Vol. 73, No. 5, 1995, pp. 120 - 134.

Rayner, Tim and Andrew Jordan, "The European Union: the Polycentric Climate Policy Leader", *Wiley Interdisciplinary Reviews: Climate Change*, Vol. 4, Issue 2, 2013, pp. 75 - 90.

Sawyer, Malcolm, "What Is Financialization", *International Journal of Political Economy*, Vol. 42, Issue 4, 2013, pp. 5 - 18.

Scruggs, Lyle A. , James P. Allan, "Social Stratification and Welfare Regimes for the Twenty-first Century: Revisiting *The Three Worlds of Welfare Capitalism*", *World Politics*, Vol. 60, No. 4, 2008, pp. 642 - 664.

Shamir, Ronen, "The Age of Responsiblization: on Market-Embedded Morality", *Economic and Society*, Vol. 37, No. 1, 2008, pp. 1 - 19.

Sjöö, Karolin, "Innovation and Industrial Renewal in Sweden, 1970—

2007", *Scandinavian Economic History Review*, Vol. 64, Issue 3, 2016, pp. 258 – 277.

Skovgaard, Jakob, "EU Climate Policy After the Crisis", *Environmental Politics*, Vol. 23, No. 1, 2014, pp. 1 – 17.

Slominski, Peter, "Energy and Climate Policy: Does the Competitiveness Narrative Prevail in Times of Crisis ", *Journal of European Integration*, Vol. 38, No. 3, 2016, pp. 343 – 357.

Spaargaren, Gert, Arthur P. J. Mol, "Carbon Flows, Carbon Markets, and Low-carbon Lifestyles: Reflecting on the Role of Markets in Climate Governance", *Environmental Politics*, Vol. 22, No. 1, 2013, pp. 174 – 193.

Speck, Stefan, "Carbon Taxation: Two Decades of Experience and Future Prospects", *Carbon Management*, Vol. 4, No. 2, 2013, pp. 171 – 183.

Spencer, Thomas and Dora Fazekas, "Distributional Choices in EU Climate Policy", *Climate Policy*, Vol. 13, Issue 2, 2013, pp. 240 – 258.

Sumner, Jenny, Lori Bird & Hillary Dobos, "Carbon Taxes: A Review of Experience and Policy Design Considerations", *Climate Policy*, Vol. 11, No. 2, 2011, pp. 922 – 943.

Toke, David and Volkmar Lauber, "Anglo-Saxon and German Approaches to Neoliberalism and Environmental Policy: the Case of Financing Renewable Energy", *Geoforum*, Vol. 38, No. 4, 2007, pp. 677 – 687.

Watson, Matthew, "Ricardian Political Economy and the 'Varieties of Capitalism' Approach: Specialization, Trade and Comparative Institutional Advantage", *Comparative European Politics*, Vol. 1, No. 2, 2003, pp. 227 – 240.

Zwolski, Kamil, Christian Kaunert, "The EU and Climate Security: a Case

of Successful Norm Entrepreneurship", *European Security*, Vol. 20,
No. 1, 2011, pp. 21 - 43.

Zysman, John, "Capitalism, Democracy and Welfare and Inequality and
Prosperity: Social Europe vs. Liberal America", *Perspectives on
Politics*, Vol. 5, Issue 1, 2007, pp. 215 - 217.

Uwe Becker, "The Heterogeneity of Capitalism in Crisis-Ridden Europe",
Journal of Contemporary European Studies, Vol. 22, No. 3, 2014,
pp. 261 - 275.

White House Office on the Press Secretary, "Statement by President Trump
on the Paris Climate Accord", 2017.

后　记

　　本书主要从资本主义多样性理论出发来探讨美欧气候政策的差异。我们知道,美欧虽然同为发达资本主义国家,但在气候政策上表现为盎格鲁-撒克逊和欧洲两种不同的模式。对于这种差异,学术界长期以来主要以实证分析为主,而没有上升到理论的高度去阐述二者的异同。笔者长期从事气候政策领域的研究,深感对美欧气候政策差异的研究亟须改变"实证分析有余、理论分析不足"的现状。正是在这样一种学术路径的探索中,笔者"遭遇了"资本主义多样性理论。该理论虽然与气候政策并非直接相关,它所探讨的主要是美欧在资本主义发展模式上的总体差异,比如它把美国的发展模式概括为自由市场经济,而把德国的发展模式概括为协调市场经济。但是,正是这种对美欧资本主义发展特殊性的分类考察启发了笔者在气候研究领域的探索。因此,在充分研究了资本主义多样性理论之后,笔者心中逐渐萌发了这样的疑问:美欧在资本主义制度上的整体差异能否应用到二者各自的气候政策差异的分析上来呢? 答案显然是肯定的。因为,气候政策不过是资本主义制度发展过程中的一个侧影,美欧在资本主义制度上的差异必然会反映到气候政策这样一个特殊性的领域之中。因此,笔者的基本研究思路就是把资本主义多样性这种一般性的理论框架应用到美欧气候政策差异的分析当中,这也是本书最大的特点。这种探索究竟取得了多大的成果,留待读者自己品鉴和评判。

　　当然,在研究过程中,笔者也逐步发现上述研究仍然存在很多不完善的地方，书稿完成之后，这种感觉尤其强烈。这主要是因为，随着研究的不断深入，笔者发现资本主义多样性理论——也就是本书的理论前提——本身仍然还不够成熟，亟待进行批判性研究。其主要表现在于，该理论为了突出资本主义的多样性，忽略了资本主义的"统一性"，换句话说，它为了特殊性而牺牲了一般性。这就导致它过分关注美欧在资本主义制度发展上的差异，而忽略了二者在本质上的一致性。也就是说，它们都属于资本主义制度。资本主义的多样性是建立在"资本主义"这个同一性的制度之上的。正是由于过多地强调美欧在资本主义发展上的特殊性，才导致它缺乏对资本主义制度本身存在的各种矛盾和弊病的分析，从而使它难以从理论上判定美欧在资本主义发展上存在的固有限度。而这种限度也必然会表现在二者的气候政策上。美欧气候政策在新自由主义模式的主导下日益走向倒退，实际上反映的正是资本主义这个共性制度所蕴含的内在矛盾。应该说，在研究逐步深入的过程中，笔者有这样的理论自觉，因此，在阐述美欧气候政策差异的过程中也试图避免过分突出二者的差异性，而忽略二者的统一性，但在这一点上始终做得不够完善。这也是未来需要进一步改进的方向。

图书在版编目(CIP)数据

资本主义多样性与美欧气候政策研究 / 刘慧著. ——
南京：南京大学出版社，2020.6
（公共事务与国家治理研究丛书）
ISBN 978 - 7 - 305 - 23138 - 4

Ⅰ. ①资… Ⅱ. ①刘… Ⅲ. ①气候－政策－政治经济
学－对比研究－美国、欧洲 Ⅳ. ①P46 - 01

中国版本图书馆 CIP 数据核字(2020)第 052976 号

出版发行　南京大学出版社
社　　　址　南京市汉口路 22 号　　　　邮　编　210093
出 版 人　金鑫荣
丛 书 名　**公共事务与国家治理研究丛书**
书　　名　**资本主义多样性与美欧气候政策研究**
著　者　刘　慧
责任编辑　郭艳娟
助理编辑　杨　括
照　　排　南京南琳图文制作有限公司
印　　刷　南京玉河印刷厂
开　　本　718×1000　1/16　印张 11.5　字数 163 千
版　　次　2020 年 6 月第 1 版　2020 年 6 月第 1 次印刷
ISBN 978 - 7 - 305 - 23138 - 4
定　价　50.00 元

网址：http://www.njupco.com
官方微博：http://weibo.com/njupco
官方微信号：njupress
销售咨询热线：(025) 83594756